Bodendegradation – Unser Boden in Gefahr?!

SII Arbeitsmaterial

TERRA global

Ernst Klett Schulbuchverlage
Stuttgart Leipzig

Bodendegradation – Unser Boden in Gefahr?!

M1 Sandsturm

1 Die Erosion gewinnt an Boden

↓ *Im Jahre 1934 in den USA*

„Staubwolken verfinsterten die Mittagssonne. Am 11. Mai 1934 trieb ein Sturm mit über 100 km/h über die endlose Prairiezone der USA. Er wirbelte aus den schutzlosen Feldern Süd-Dakotas, Nebraskas und Kansas' gelbgraue Staubwolken auf. Sie wurden von dem rasenden ‚Schwarzen Blizzard' über die breite Ebene des Mississippi hinweg bis zu 3 000 km in den Atlantischen Ozean hinausgetragen.

Als todbringender Staubsturm wehte die fein zerriebene fruchtbare Erde aus der Staubschüssel des Westens über weite Gebiete der USA. 3 000 Millionen Tonnen fruchtbaren Bodens wurden aus den Prairiestaaten fortgetragen. Dadurch verloren Tausende von Farmern den Boden ihrer Felder, ihren Besitz, ihre Lebensgrundlage.

Anderwärts wurden die Felder von Sanddünen bedeckt, unter denen alle Pflanzen erstickten. Junge Saaten wurden vernichtet, weil der staubbeladene Wind wie ein Sandstrahlgebläse wirkte ...

So (lauteten) ... die Nachrichten im Mai 1934, die damals um die Welt gingen und von einem Vorgang berichteten, der später weltweit als ‚Bodenerosion' Bedeutung erlangen sollte."

Hans Karl Barth: *Ein neues Drama in der Dritten Welt. In: Bild der Wissenschaft 8, 1982,. S. 86*

↓ *Im Jahre 2000 in China*

„Pekings Naherholungsgebiet liegt nördlich der Stadt. Entlang der Großen Mauer wächst Nadelwald; Seen und Flüsse laden zum Baden und Angeln ein. Doch wenige Kilometer weiter sind die Berge abgeholzt, die Flüsse ausgetrocknet, der Boden versandet. Hier beginnt Chinas Wüste.

Jeden Tag kriecht die Wüste ein Stückchen näher an Peking heran. 2 460 Quadratkilometer fruchtbares Land versanden jedes Jahr in China – das meiste im trockenen Norden. Ackerböden versteppen, Wälder sterben ab, Wasserreservoirs und Flüsse trocknen aus. Für die Menschen in den betroffenen Landkreisen, die meist vom Ackerbau leben, bedeutet dies, dass sie mit ihren Familien in wasserreiche Gebiete weiterziehen müssen."

Harald Maass: *Die Wüste rückt Jahr für Jahr näher an Peking heran. In: Stuttgarter Zeitung vom 25. 10. 2000*

↓ *Im Jahre 2002 in der Mongolei*

„Die Wüste wächst. Um 350 Kilometer ist der Wüstengürtel der Gobi in der südlichen Mongolei innerhalb von 11 Jahren nach Norden vorgerückt. Die Ausbreitung der Wüstengebiete gefährdet nicht nur die Existenzgrundlagen der Nomaden und ihrer Herden. Sie ist zu einer regionalen Katastrophe geworden. Sandstürme fegen von der Mongolei über Nordchina ... In diesem Jahr haben die gelben Stürme sogar Südkorea erreicht."

Petra Kolonko: *Sand vor Augen. In: Frankfurter Allgemeine Zeitung vom 15. 05. 2002*

↓ *Im Jahr 2003 in Nordafrika*

„Orkanartiger Südwind wirbelte tonnenweise feinsten Staub aus der marokkanischen und algerischen Wüste auf und transportierte ihn bis weit aufs Mittelmeer. Oft pusten Stürme den Sand auch hoch in die Atmosphäre; in den oberen Luftschichten wandert er dann als feinste Wolken bis in die Karibik oder über die Alpen nach Mitteleuropa und sogar Skandinavien. Bis zu 200 Millionen Tonnen Staub verwehen auf diese Weise jährlich aus der Sahara (und aus der Sahelzone)".

Meldung im STERN, 28/2003, S. 17

↓ *Im Jahre 2004 in Deutschland*

„Saharastaub färbte in Deutschlands Süden den Himmel in Gelb-, Orange- und Ockertönen. Verantwortlich für das Himmelsschauspiel seien schwere Sandstürme in der Sahara, die ‚große Massen Sand' aufgewirbelt hätten, sagte der Meteorologe Andreas Gassner vom Wetterdienst Meteomedie."

dpa-Meldung: In Sonntag Aktuell vom 22. 02. 2004

M2 Produktivitätsverluste durch Bodendegradation seit dem Zweiten Weltkrieg (relativer Produktivitätsverlust in %), Anteil degradierter Flächen nach Regionen (in %) und Bevölkerungswachstum

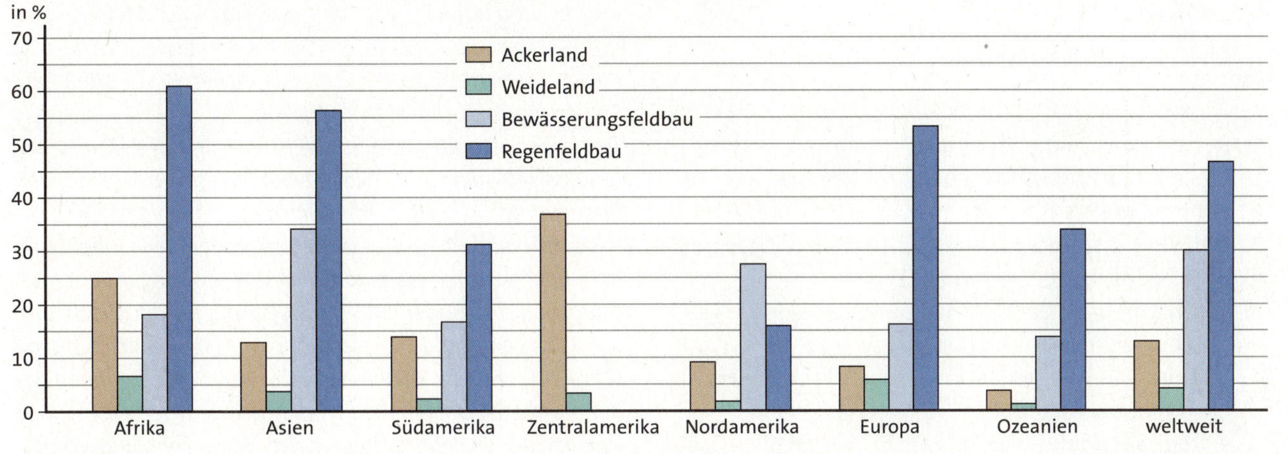

	Afrika	Asien	Südamerika	Zentral-amerika	Nordamerika	Europa	Ozeanien	Welt
Bevölkerung (in Mio.)	906	3921	373	147	329	730	33	6477
Natürliche Wachstumsrate (in Prozent)	2,3	1,3	1,5	2,0	0,6	−0,1	1,0	1,2
„Verdoppelungszeit" (in Jahren)	30	55	47	35	125	---	70	56

Nach Ingomar Hauchler u. a. (Hrsg.): Globale Trends 2002. In: Fischer Taschenbuch Verlag. Frankfurt/M. 2001, S. 341

↓ *„Die wachsende Weltbevölkerung wird in den nächsten 20 Jahren ebenso viele Nahrungsmittel benötigen wie in den letzten 10000 Jahren zusammen. Das stellt ungeheure ökonomische Anforderungen an die Landwirtschaft.*
Landwirtschaftliche Produktion ist bestimmt von den quantitativen Faktoren Boden, Arbeit und Kapital sowie technischem Wissen als qualitativer Faktor. Boden als ‚knapper Faktor' nimmt hierbei eine Sonderrolle ein, er kann nicht vermehrt werden. Das bedeutet, alle anderen Produktionsfaktoren müssen an dieser Knappheit ausgerichtet werden. Und diese Knappheit ist alarmierend. Zusätzliches Problem ist der Bodenschwund. Als dessen Hauptverursacher muss die Erosion angesehen werden. Wind, Wetter und Kultivierung vernichteten weltweit in den vergangenen 40 Jahren etwa 30 Prozent der vorher landwirtschaftlich genutzten Fläche.
Knappe Böden bei steigender Weltbevölkerung heißt das Problem. Etwa 0,5 Hektar bebaubares Land sind pro Kopf erforderlich, um einen Menschen ausgewogen zu ernähren. Momentan sind im Weltdurchschnitt etwa 0,25 Hektar verfügbar, in weiteren 40 Jahren werden vermutlich nur noch 0,14 Hektar pro Kopf zur Verfügung stehen."

Universität Hohenheim: Vom Boden zum Schutz. o. J. S. 7

Der Boden ist die Lebens- und Ernährungsgrundlage der Menschen. Aber diese Lebensgrundlage wird zunehmend geschädigt oder geht in großem Umfang verloren. Böden werden durch Wasser und Wind erodiert, rutschen von Hängen hinab ins Tal, wo sie als Schlammlawinen oder Muren große Schäden anrichten können. Durch Eingriffe des Menschen verschlechtern sich die Bodeneigenschaften. Bereits auf einem Drittel der landwirtschaftlichen Nutzfläche der Erde müssen Ertragseinbußen hingenommen, muss langfristig die Nutzung von Böden aufgegeben werden.
Diese Bodendegradation, unter der man den schwerwiegenden, teilweise irreversiblen Verlust von Böden oder ihrer Funktionen versteht, schreitet in dramatischer Weise voran. Gegenwärtig gehen jährlich über 5 Mio. ha kultiviertes Land durch Prozesse der Bodendegradation verloren. Das sind etwa 13700 ha pro Tag – also täglich mehr als ein Viertel der Fläche des Bodensees.
Welche Formen der Bodendegradation sind zu unterscheiden? Wo liegen die Ursachen dieser Prozesse? Gibt es Möglichkeiten und Maßnahmen, die stetig zunehmende Bodenzerstörung zu stoppen und einer noch über Jahrzehnte ansteigenden Weltbevölkerung ihre Ernährungsgrundlage zu sichern? In welchem Maße wird diese globale Herausforderung, wird die Bodenproblematik in unserer Gesellschaft überhaupt wahrgenommen?

1 *Lokalisieren Sie mithilfe entsprechender Atlaskarten die in den Quellentexten dargestellten Fallbeispiele.*
2 *Bestimmen Sie die jeweiligen klimatischen Verhältnisse.*
3 *Beschreiben Sie Auswirkungen der Bodenzerstörung.*
4 *Formulieren Sie Hypothesen zu möglichen Ursachen.*
5 *Erklären Sie, inwieweit Bodendegradation ein existenzielles Problem der Menschheit darstellt.*

2 Böden: Entwicklung, Funktion und Gefährdung

2.1 Boden = Dreck?

Umfrage

1. Bestimmen Sie die vier Ihrer Meinung nach wichtigsten natürlichen Voraussetzungen des Lebens auf der Erde.
2. Nennen Sie spontan drei Assoziationen, die Sie mit dem Begriff Boden verbinden.
3. Beschreiben Sie die Ihrer Meinung nach drei wichtigsten Funktionen des Bodens.
4. Testen Sie Ihr Wissen: Erklären Sie in knapper Form die folgenden Begriffe:
   - Bodendegradation
   - Bodenerosion
   - Desertifikation
5. Bewerten Sie die folgenden globalen Probleme (1 = eher unwichtig; 5 = äußerst bedrohlich):

	1	2	3	4	5
Bevölkerungswachstum					
Verstädterung					
Trinkwasserversorgung					
Treibhauseffekt					
Ozonloch					
Bodendegradation					
Friedensgefährdung					
Terrorismus					
Kriminalität					
Drogenkonsum					

6. Bodenzerstörung ist auch in Deutschland ein Problem.
   Stimmen Sie dieser Aussage zu?

↓ *„Die Art und Weise der Wahrnehmungen und Wertungen von Boden durch den Menschen ... bestimmt auch heute noch unser Verhältnis zum Boden – das Bewusstsein vom Boden. Dabei ist jedoch das Verständnis dafür, dass wir auf die Böden und auf ihre Nutzbarkeit letztlich existenziell angewiesen sind, weitgehend verlorengegangen. Die Bedeutung der Böden für ‚das tägliche Brot', aber auch für Flora und Fauna sowie für die Naturentwicklung gehört nicht mehr zu den unmittelbaren Lebenserfahrungen. Umso dringlicher ist es, das Bewusstsein um die ökologische, kulturprägende und lebenswichtige Bedeutung der Böden auf neue, andere Weise wach zu halten und neu zu entwickeln. Deshalb sprechen wir vom Bodenbewusstsein als dem bislang vergessenen Aspekt des Bodenschutzes.*

Böden bilden eine zentrale Lebensgrundlage für Menschen, Tiere und Pflanzen. Sie werden zum Anbau von Lebensmitteln und als Standorte für Verkehr und Siedlungen genutzt. Sie reinigen Wasser und dienen als Filter und Puffer gegenüber Schad- und Fremdstoffen. Sie speichern Niederschlagswasser und tragen zur Vermeidung von Überschwemmungen bei. Sie sind ein wertvolles Archiv der Natur- und Kulturgeschichte sowie ein wesentlicher Bestandteil und Steuerungsfaktor im Naturhaushalt.

Trotz der Leistungen von Böden für Natur und Kultur ist das Bewusstsein über die Folgen von Bodenbelastungen und Bodenverbrauch in der Öffentlichkeit nur wenig präsent. Die Assoziationen, die mit dem Begriff Boden verbunden werden, reichen vom Fußboden in der Wohnung zu Boden als Baugrund und Boden als Voraussetzung für das Wachstum von Pflanzen und die Produktion von Lebensmitteln bis zur Gleichsetzung von Boden mit Schmutz. Auch sauberen Böden haftet im Unterschied zu den Umweltmedien Luft und Wasser, deren Reinhaltung meist als wesentliche Voraussetzung für die Gesundheit und das Wohlbefinden gesehen wird, das Image an, abgewaschen werden zu müssen.

In vielen Fällen werden Böden auch schlichtweg als selbstverständlich vorhanden angenommen – als etwas, das schon immer da war, über das man noch nicht nachgedacht hat und das man bislang nicht – zumindest nicht bewusst – wahrgenommen hat. Die Selbstverständlichkeit und Nicht-Wahrnehmung des Bodens führt zur Gleichgültigkeit gegenüber Bodenabtrag, Schadstoffbelastungen oder Flächenverbrauch, weil die Konsequenzen der Bodennutzung nicht (bewusst) gesehen oder bereitwillig verdrängt werden. Dass Boden als knappe Ressource zu werten ist, wird meist erst dann bewusst, wenn Boden als Baugrund betrachtet wird. Aber auch hier steht nicht Boden als eigenständiges Schutzgut mit seinen vielfältigen Regelungsfunktionen im Vordergrund, sondern die Betrachtung von Boden als Fläche. Die dritte Dimension der Bodenschicht, die als Lebensraum einen unverzichtbaren Bestandteil der Ökosysteme darstellt, bleibt unter der Oberfläche im Dunkeln verborgen.

Der bodenschonende und sparsame Umgang mit der begrenzten Ressource Boden stellt eine wichtige Zukunftsaufgabe dar. Die Nicht-Wahrnehmung und das teilweise negative Image von Böden bilden allerdings ein nicht unwesentliches Hindernis für die Umsetzung und Initiierung von Maßnahmen zum Bodenschutz ...

Aus verschiedenen Untersuchungen zum Umweltverhalten ist bekannt, dass die Berücksichtigung von Bodenbelangen im täglichen Handeln neben dem Wissen über die Funktionen und Bedeutung von Böden auch eine emotionale Ebene voraussetzt. Dabei ist zwischen Umweltwissen, Umwelteinstellungen und Umweltverhalten zu unterscheiden ...

Übertragen auf den Themenbereich Boden ist entsprechend von Bodenwissen als Informiertheit über den Boden, Bodeneinstellungen in Bezug auf Emotionen, Werte und Handlungsbereitschaften sowie Bodenverhalten als tatsächliches Verhalten in Alltagssituationen auszugehen. Emotionen und Betroffenheit können hierbei sowohl durch den Verlust eines als wichtig erachteten Gutes ausgelöst werden als auch auf positiven Erfahrungen beruhen."

www.bodenwelten.de/bodenbewusstsein_artikel.pdf

2.2 Boden – Grundinformationen

***M1* Was ist Boden? – Beispiel für die Zusammensetzung eines Waldbodens (ohne Bodenluft und -wasser) in Vol.-%**

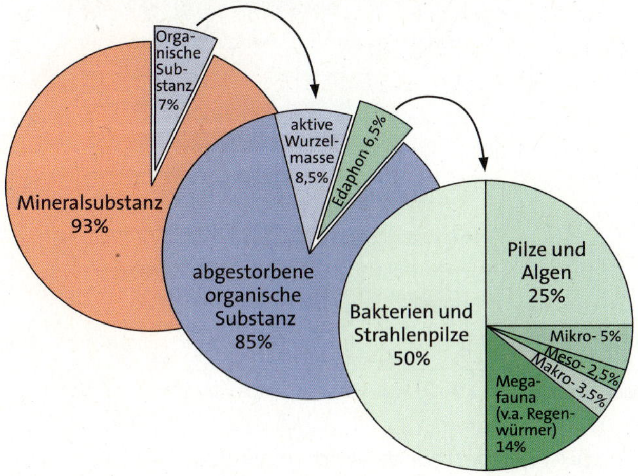

Nach G. Hintermaier-Erhard/W. Zech: Wörterbuch der Bodenkunde. Stuttgart: Enke 1997, S. 32

***M2* Stellung und Funktion von Böden in der Ökosphäre**

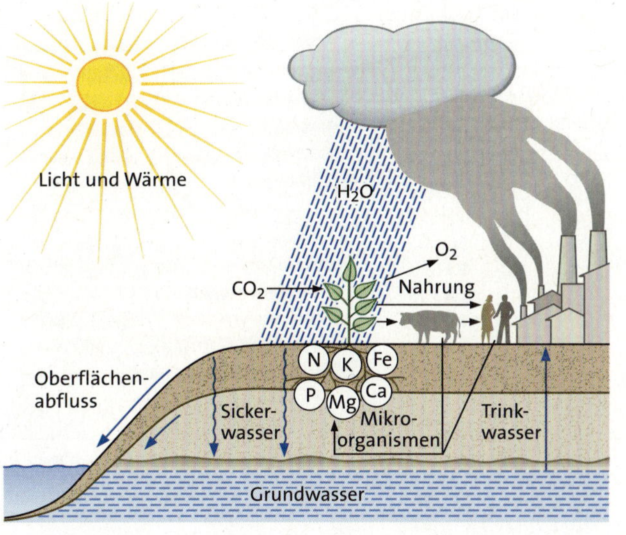

Nach Dietmar Schröder: Böden der Erde: Entstehung, Verbreitung, Produktivität, Schädigung und Schutz. In: Geographie und Schule Heft 126, August 2000, S. 11

***M3* Verwitterung und Bildung von Pflanzennährstoffen**

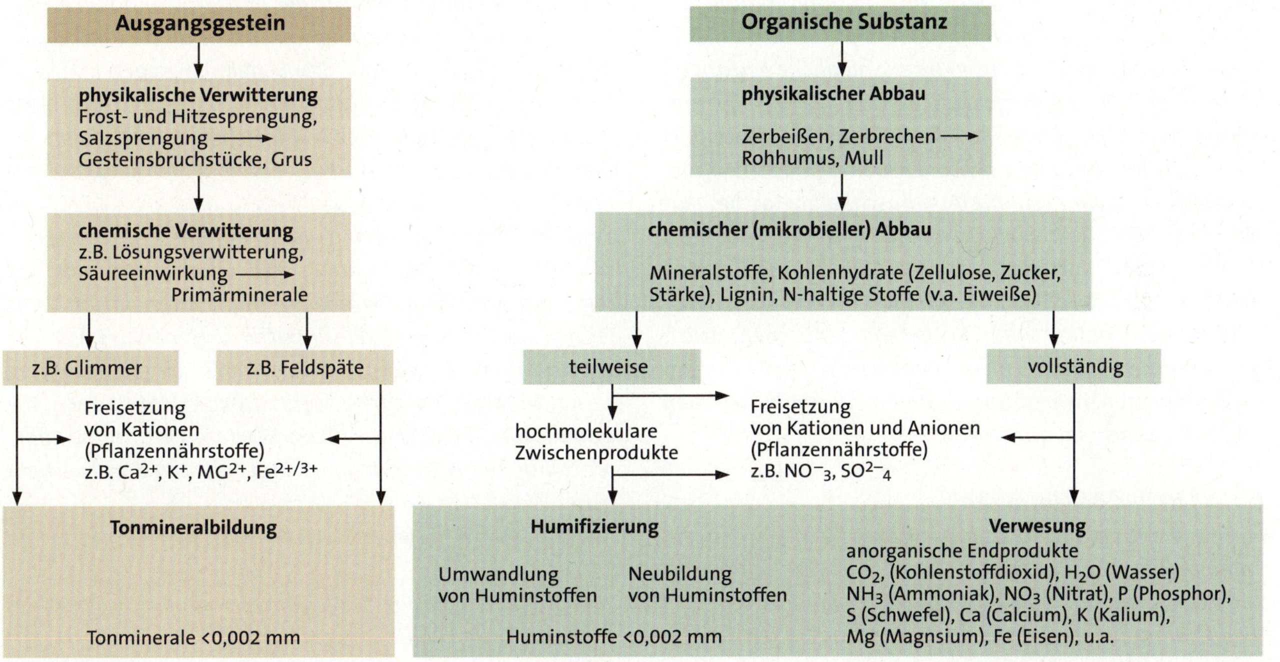

Nach Hans-Ulrich Bender u. a.: Fundamente. Gotha und Stuttgart: Klett-Perthes 2001, S. 44

↓ *„Boden entsteht durch den Einfluss des Klimas, der Vegetation und der Tierwelt durch Zersetzung und Verwitterung des organischen Materials und des anstehenden Gesteins. In ihm sind die Pflanzen fest verwurzelt und er liefert und speichert die für sie notwendigen Nährstoffe. Die zum Wachstum notwendigen Pflanzennährstoffe liegen zunächst nur in gebundener Form im anstehenden Gestein sowie in den Pflanzen- und Tierresten vor. Für die Pflanzen sind sie jedoch nur in gelöster Form, als Kationen (positiv geladene Ionen) und als Anionen (negativ geladene Ionen) verwertbar. Deshalb muss das Ausgangsgestein durch physische und chemische Verwitterung zerlegt werden; der Abbau der organischen Substanz erfolgt durch physikalischen und mikrobiellen Abbau. Bei beiden Zerlegungsvorgängen werden Pflanzennährstoffe in Form von Ionen freigesetzt, Kationen bei der mineralischen Substanz, Kationen und Anionen bei den organischen Bestandteilen. Außerdem entstehen Tonminerale und Huminstoffe, beide in der Größenordnung von < 0,002 mm, die die Pflanzennährstoffe speichern können. Tonminerale und Huminstoffe sind die beiden wichtigsten Träger der Bodenfruchtbarkeit."*

Nach Hans-Ulrich Bender u. a.: Fundamente. Gotha und Stuttgart: Klett-Perthes 2001, S. 43

M1 Die Bedeutung des pH-Wertes

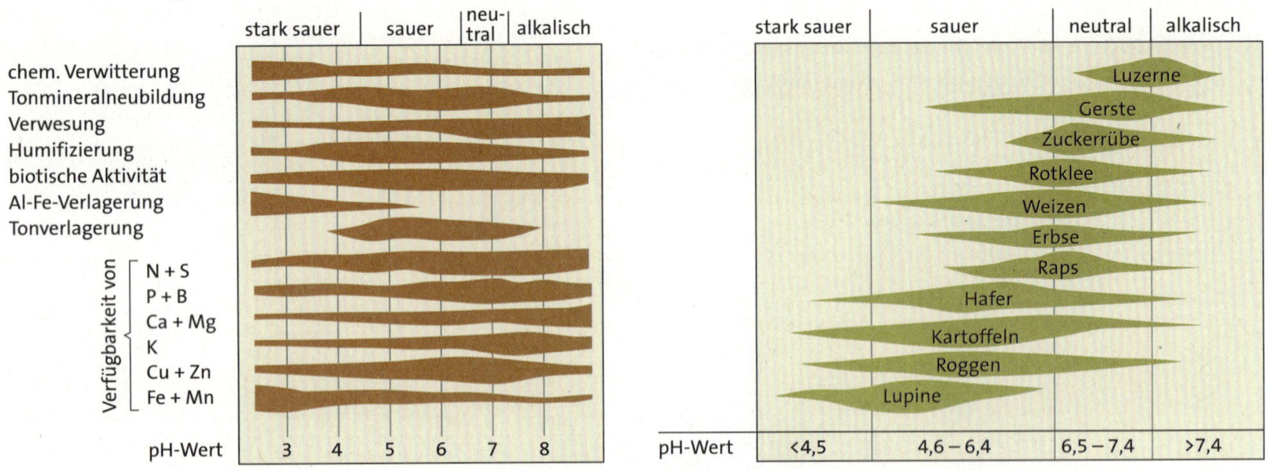

Nach Dietrich Schröder: Bodenkunde in Stichworten: Kiel: Hirt 1972, S.78 und Eduard Mückenhausen: Die Bodenkunde. Frankfurt am Main: DLG Verlag 1993, S. 25

„Austauschfähigkeit
Entscheidend für die Bodenfruchtbarkeit ist bei der mineralischen Substanz deren chemische Eigenschaft, eine bestimmte Menge an Pflanzennährstoffen zu speichern und sie bei Bedarf an die Pflanzen abzugeben. Nur die kleinste Gruppe der mineralischen Substanz, die Tonminerale, besitzt diese Fähigkeit. Tonminerale sind die Schichtsilikate, die sich strukturell durch ihre unterschiedliche Anzahl an Silikatschichten unterscheiden. Bei den Dreischichttonmineralien ist die Kationenaustauschfähigkeit besonders groß, da hier die Ionen zwischen den Schichten angelagert werden können. Ihre Austauschkapazität bewegt sich zwischen 20 und 150 mval/100 g Trockensubstanz. Diese Tonmineralgruppe kommt vor allem in den Böden der Mittleren Breiten vor. Die austauschschwachen Zweischichttonminerale, ihre Kationenaustauschkapazität liegt zwischen 5 und 15 mval, herrschen in den Böden der immerfeuchten Tropen und in den niederschlagsreichen Teilen der Feuchtsavannen vor.

Bodenluft und Bodenwasser
Für die Atmung der Bodenorganismen und der Wurzeln werden über die Bodenluft der notwendige Sauerstoff zugeführt und das ausgeschiedene Kohlendioxid an die Atmosphäre abgegeben. Stark tonhaltige Böden weisen zwar eine sehr günstige Kationenaustauschfähigkeit auf, sind jedoch andererseits schlecht durchlüftet.
Das Bodenwasser, das gegen die Schwerkraft von den Bodenbestandteilen festgehalten wird, ist das Medium, in dem die Pflanzennährstoffe transportiert werden. Fehlt es über längere Zeit, kommt es zur Pflanzenschädigung. So müssen stark sandhaltige Böden bei länger anhaltender Trockenheit bewässert werden.

Der pH-Wert
Die gesamten chemischen, biotischen und physikalischen Bodenbildungsprozesse, vor allem die Verfügbarkeit und Speicherfähigkeit der Pflanzennährstoffe, werden durch den pH-Wert gesteuert. Mit dem pH-Wert wird die Säurekonzentration in der Bodenlösung angegeben. Bei den Nutzpflanzen gibt es pH-Bereiche, in denen sie optimal gedeihen.
Auch die chemische Verwitterung ist beispielsweise vom pH-Wert abhängig. Je niedriger er ist, desto höher ist die chemische Verwitterung. Es kommt in diesem Fall zu einer erheblichen Einschränkung der biotischen Aktivitäten. Dauert dieser Zustand über längere Zeit an, etwa durch den Eintrag saurer Niederschläge, so werden die Bodenlebewesen geschädigt; erster ‚Flüchtling' ist der Regenwurm.
Zwar besitzen die Böden verschiedene Puffersysteme, mit denen der Säureeintrag über eine bestimmte Zeit ausgeglichen werden kann, ständiger Säureeintrag führt jedoch zur Zerstörung dieser Puffersysteme. Im Endstadium kommt es zur vollständigen Auswaschung der Pflanzennährstoffe und zur Freisetzung von Metallionen, die potenzielle Zellgifte sind. Des Weiteren gelangen diese Metallionen ins Grundwasser und belasten dies in erheblicher Weise."

Hans-Ulrich Bender u. a.: Fundamente. Gotha und Stuttgart: Klett-Perthes 2001, S. 45 – 46

1 *Führen Sie die „Umfrage" (S. 6) in Ihrer Lerngruppe, in der Schule, im Bekanntenkreis oder in Ihrem Ort durch.*
2 *Präsentieren Sie Ihre Ergebnisse im Plenum und vergleichen Sie sie mit den Informationen im Quellentext S. 6. Diskutieren Sie das Ergebnis.*
3 *Erläutern Sie mithilfe des Informationstextes S. 7 die Grafik M 3.*
4 *Erklären Sie die Bedeutung von Tonmineralien und Huminstoffen.*
5 *Stellen Sie fest,*
a) welchen Einfluss der pH-Wert auf die Verfügbarkeit von Pflanzennährstoffen hat.
b) bei welchem pH-Wert die Zersetzung organischer Substanz optimal abläuft.

2.3 Bodendegradation: Verbreitung und Formen

M 2 Verbreitung der Bodendegradation

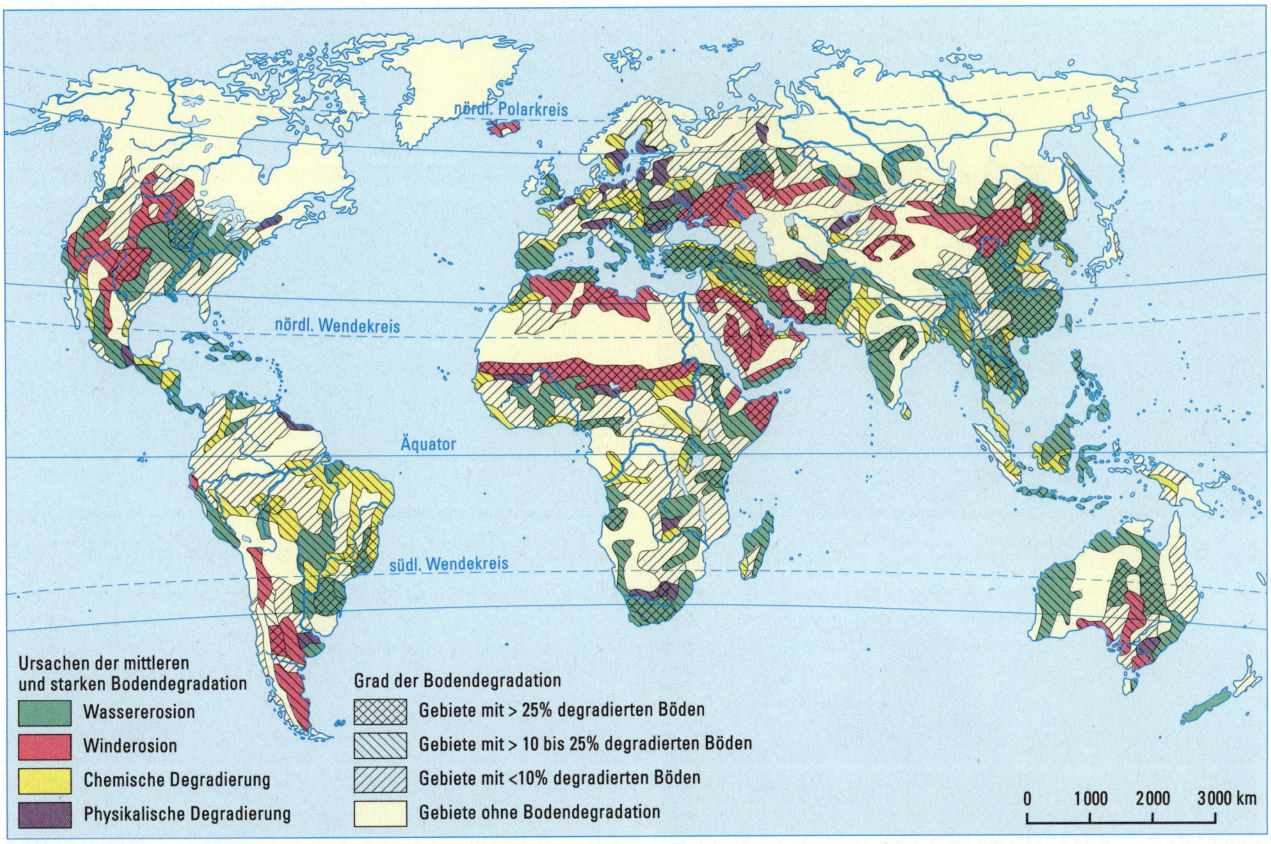

M 3 Prozesse der Bodendegradierung

Verlagerung von Bodenmaterial		bodeninterne Umwandlungen	
Wassererosion	Winderosion	physikalische Prozesse	chemische Prozesse
Verlust von Oberbodenmaterial	Verlust von Oberbodenmaterial	Versiegelung und Verkrustung von Oberflächen	Nährstoffverluste (Biomassenexport, Auswaschung)
Deformation der Oberflächen (Rinnen, Gullies [s. S. 11], Täler)	Schädigung der Vegetation	Verdichtung (Bearbeitung)	Versalzung (Bewässerung)
	Deformation der Oberflächen (Senken, Wehen, Dünen)	Strukturwandel (z. B. Humusabbau)	Versauerung (Deposition, Dünger, Biomasseexport)
		Wasserstau (Verdichtung, Bewässerung)	Toxifikation (z. B. Schwermetalle)
		Austrocknung (Drainage)	
		Sedimentation	Abbau der organischen Substanz

Nach Ernst Brunotte u. a. (Hrsg.): Lexikon der Geographie. Heidelberg: Spektrum Akademischer Verlag 2002, S. 186.

Der Ursachenkomplex der Bodendegradation umfasst nicht nur naturräumliche, sondern vor allem auch sozioökonomische Faktoren, die in ihrer Gesamtheit dazu führen, dass die Belastungsgrenzen von Ökosystemen überschritten werden. Ausgelöst durch Fehlverhalten des Menschen ergeben sich Erosionsprozesse unter dem Einfluss von Wasser und Wind sowie Schädigungen der chemischen oder physikalischen Eigenschaften der Böden. In Trockengebieten führen die Prozesse der Bodendegradierung zur Ausbreitung von Wüsten, zur Desertifikation.

1 *Stellen Sie anhand der Karte M 2 für die einzelnen Formen der Bodendegradation besonders betroffene Räume fest.*

2 *Vergleichen Sie die Verbreitung der Bodendegradation mit einer Karte der globalen Bevölkerungsverteilung.*

Wasser- und Winderosion

a)

M1 ***Bodenerosion am Westhang des Pico de Orizaba in Mexiko***

Foto	Jahr	Tiefe der Erosionsrinne
a)	1975	3 m
b)	1978	20 m
c)	1991	>50 m

b)

c)

Begriffsklärung
Erosion (lat. erodere = ausnagen): linienhafte Abtragung durch die Tätigkeit des fließenden Wassers mit der Zerschneidung des Reliefs und der Bildung von Tälern, „Badlands" oder „Gullies" (Schluchten)
Denudation (lat. denudare = entblößen): flächenhafte Abtragung durch Schichtfluten, Bergstürze, Bodenfließen (Solifluktion), Wind (Deflation) und Eisschurf bzw. Eisschliff

↓ *„Wassererosion beschreibt die Abspülung von Bodenmaterial durch Niederschläge. Sie ist ein natürlicher Prozess, durch den im Verlauf von Jahrmillionen Gebirge eingeebnet und Meeresbecken mit Sedimenten gefüllt werden. Das Ausmaß der Wassererosion wird durch die Frequenz und die Dauer von Starkregenereignissen, Bodeneigenschaften, Hangform und vor allem von der Vegetationsbedeckung bestimmt. Der Mensch verstärkt, überwiegend durch unangepasste Landwirtschaft und großflächigen Holzeinschlag, diesen Prozess um ein Vielfaches, so dass auf großen Flächen der Erde der Abtrag die Bodenbildung weit übersteigt. Schädigend sind jedoch nicht nur die Verluste an fruchtbarem Bodenmaterial, sondern auch die Zerschneidung der Hänge, die eine Bewirtschaftung erschwert oder unmöglich macht, der Sedimentauftrag an den Unterhängen und in Tälern sowie der Sedimenteintrag in die Flüsse. Mit fast 60 % der degradierten Fläche (ca. 12 Mio. km²) ist die Wassererosion die wichtigste Form der Bodendegradation ...*
Auch in Deutschland übersteigt in vielen Gebieten der Abtrag durch Wassererosion die Rate der Bodenbildung ... Besonders betroffen sind intensiv ackerbaulich genutzte Regionen mit Böden aus Löss ... in denen derzeit mindestens so viel erodiert, dass binnen 600 Jahren eine Schicht von etwa 50 cm abgetragen ist, eine Rate, die durch die natürliche Bodenbildung bei weitem nicht ausgeglichen werden kann. Ursache für den hohen Abtrag in diesen Regionen ist das ungünstige Zusammentreffen von hügeligem Gelände, Böden, die besonders anfällig für die Bodenerosion sind, und dem weit verbreiteten Anbau von Futtermais und Zuckerrüben, zwei Feldfrüchten, die erst spät vollständig den Boden bedecken, wodurch die Böden den starken Gewitterregen im Frühling und Frühsommer weitgehend ungeschützt ausgesetzt sind ...

Ein besonders drastisches Beispiel von Bodenerosion durch unangepassten Ackerbau dokumentiert M 1. In der am Nordhang des Pico de Orizaba (Mexiko) gelegenen Gemeinde Tlachichuca wurde 1974 in einer Höhe zwischen 3 100 und 3 400 m ein größeres Waldstück für den Kartoffelanbau gerodet ... Vor der Entwaldung bestand keine Gefahr, denn solange der natürliche Kiefernwald mit seinem dichten Unterholz wuchs, blieben auch die extrem lockeren Vulkanascheböden völlig erosionsstabil. Doch unmittelbar nach der Rodung machten sich die in den Subtropen typischen Starkregen gravierend bemerkbar: Das Wasser floss auf dem Boden ab und riss in die Oberfläche tiefe Rinnen. Diese vergrößerten sich rasch, weil unter den Böden mächtige Schichten vulkanischen Lockermaterials lagen. Mittlerweile ist der Kartoffelanbau längst eingestellt – doch nicht nur wegen der Bodenerosion. Die in Monokultur angebauten Kartoffeln wurden von Nematoden (Fadenwürmer) befallen, so dass sich der Anbau nicht mehr lohnte. Die Erosion dagegen schreitet weiter fort.

Winderosion tritt bevorzugt in windreichen, großflächig vegetationsarmen Gebieten mit trockenen Böden aus feinen Sanden oder zu staubfeinen Aggregaten zerfallenen Böden auf. Durch Überweidung und mechanisierte Landwirtschaft sind derzeit ca. 28 % der degradierten Flächen (ca. 5,6 Mio. km²) durch Winderosion geschädigt ...
Ein Beispiel für die komplexen Zusammenhänge zwischen Konsumverhalten in entwickelten Ländern und der Bodendegradation in weit entfernten Gebieten ist die in den letzten Jahren stark angestiegene Nachfrage nach Produkten aus Kaschmirwolle. Der sinkende Bedarf an Fleisch für den Export nach Russland und der gestiegene Bedarf an Kaschmirwolle führten in der Mongolei zu einer starken Veränderung im Viehbestand. Während die Zahl der Kamele, Pferde, Rinder und Schafe stagnierte, verdoppelte sich die Zahl der Kaschmirziegen (seit 1990). Ziegen neigen dazu, wenig festsitzende Grasbüschel als Ganzes auszureißen, so dass durch Überweidung vegetationsarme Gebiete entstehen, in denen die Winderosion angreifen kann. Die Folgen sind Staubstürme."

Günter Miehlich: Die Bekämpfung der Bodendegradation – eine weltweite Herausforderung. In: Petermanns Geographische Mitteilungen 147, 2003. H. 3. S. 7–9

1 *Beschreiben Sie Auswirkungen der Wasser- und Winderosion.*
2 *Erklären Sie, warum in Deutschland zum Beispiel die Räume Niederbayern und die Region um Würzburg besonders erosionsgefährdet sind.*
3 *a) Untersuchen Sie anhand von Atlaskarten und Klimadiagrammen die naturräumliche Situation am Pico de Orizaba (Mexiko).*
b) Erklären Sie – ausgehend von Ihren Untersuchungsergebnissen – Ursachen der Bodenerosion in diesem Raum.
4 *Informieren Sie sich anhand der folgenden Internet-Adresse über weitere Erscheinungsformen der Wasser- und Winderosion: www.noaanews.noaa.gov/stories/images/duststorm032502b.jpg*

Chemische und physikalische Bodendegradation

M 1 Ausmaß der Bodendegradation nach Haupttypen und Schweregrad

Haupttypen	Degradierte Fläche Mill. km² gesamt	Grad der Degradierung in % von Spalte 2		
		schwach	mittel	stark bis extrem
Wassererosion	10,94	31	48	21
Winderosion	5,49	49	46	5
chemische Degradation	2,39	39	43	18
– Nährstoffverlust	1,35	38	47	15
– Versalzung	0,76	46	26	28
– Schadstoffbelastung	0,22	18	77	5
– Versauerung	0,06	33	50	17
physikalische Degradation	0,83	53	33	14
gesamt	19,65	38	46	16

Gerold Richter: Bodenerosion als Weltproblem. In: Gerold Richter. (Hrsg.): Bodenerosion, Analyse und Bilanz eines Umweltproblems. Darmstadt: Wissenschaftliche Buchgesellschaft, 1998, S. 233–234

Anmerkung zu M 1, siehe auch Text S. 5

- Theoretisch nutzbare Landfläche der Erde: ca. 133 Mio. km²
- aktuelle landwirtschaftliche Nutzfläche: ca. 61 Mio. km²

↓ *„Unter chemischer Bodendegradation werden sehr heterogene Phänomene zusammengefasst. So gehören überdüngte Flächen, aus denen vor allem Stickstoffverbindungen in das Grundwasser gelangen, ebenso zu chemisch degradierten Böden wie Regionen, die durch langjährige Landwirtschaft ohne ausreichende Düngung an Nährstoffen verarmt sind. Auch die Bodenversalzung ist eine Form der chemischen Bodendegradation. Sie tritt in semiariden und ariden Gebieten auf, in denen Salze durch salzhaltiges Bewässerungswasser oder kapillar aufsteigendes versalztes Grundwasser im Oberboden angereichert werden. Typische Formen chemischer Bodendegradation industriell entwickelter Zonen sind die Bodenversauerung durch den Eintrag säurebildender Stoffe und die Bodenverunreinigung durch Abfälle. Nach Schätzungen des Umweltbundesamtes gibt es in Deutschland ca. 300 000 altlastenverdächtige Flächen, von denen derzeit nur ein kleiner Teil bearbeitet ist. Schließlich sind Bergbaugebiete, einschließlich der sie entwässernden Flusstäler, Regionen mit zum Teil extremer chemischer Belastung der Böden.*

Ca. 12 % der degradierten Fläche (2,4 Mio. km²) sind durch chemische Belastung in Mitleidenschaft gezogen. Regionale Schwerpunkte sind die großen Bergbauregionen der Erde, die Industriezonen Mittel- und Osteuropas, die an Nährstoffen verarmten Agrarzonen des ehemaligen Ostblocks und die Bodenversalzung vor allem im Zweistromland und im Indus-Tal ...

Die Böden von Siedlungen sind häufig durch Verkehr, Industrie und Gewerbe stark mit Schadstoffen angereichert. Meist zeichnen die Belastungen die historische Entwicklung der Siedlungen nach.

M 2 Versalzter Boden

M 3 ***Bodenverdichtung in der Fahrspur eines Traktors***

Boden: Pararendzina
Ausgangsgestein: Löss
Raum: Wetterau bei Hungen, Hessen
Rechts: Boden unter einer Fahrspur in einem Feld; Boden ist dicht, wenig durchwurzelt, parallel zur Oberfläche angeordnete Risse zeigen das unter Druck entstandene Plattengefüge;
Durchwurzelung, Eindringen von Niederschlägen und Gasaustausch stark behindert
Links: Boden unmittelbar neben der Fahrspur; locker, krümelig, gut durchwurzelt

Auch unter der physikalischen Bodendegradation werden mehrere, sehr unterschiedliche Prozesse zusammengefasst. Überbauungen durch Siedlungen und Verkehr gehören ebenso dazu wie Bodenverdichtung durch ungeeignete Bodenbearbeitung (M 3) oder Viehtritt ... Weitere Formen der physikalischen Bodendegradation sind die Verschlämmung der Bodenoberfläche durch Regenfall und die Verkrustung von Böden durch Ausfällung von Salzen oder Verhärtung von erosiv freigelegten Bodenhorizonten, die reich an Eisenoxiden oder Kieselsäure sind. Negative Effekte auf das Bodengefüge und den Wasser- bzw. den Bodenluftgehalt hat auch eine starke Wassersättigung von Böden durch Bewässerung oder eine starke Absenkung des Grundwasserspiegels. Sonderformen bodenphysikalischer Bodendegradation sind die Bildung von Alkaliböden durch unsachgemäße Bewässerung und das ‚Puffigwerden' der Torfe nach Entwässerung.
In besiedelten Gebieten werden erhebliche Anteile der Fläche durch Gebäude, Verkehrsanlagen und Lagerflächen versiegelt. In Deutschland wird derzeit täglich eine Fläche von 130 ha überbaut, das entspricht in sechs Jahren der Größe des Saarlandes. Mehr als die Hälfte dieser Bodenfläche wird durch Bauwerke und Verkehrseinrichtungen ihrer bisherigen Nutzung vollständig entzogen, der größte Teil der übrigen Fläche wird durch die Bautätigkeit so stark gestört, dass die ursprünglichen Böden zumindest teilweise ihre Funktionen verlieren. Hinzu kommt der auffällige Trend, Privatgärten zunehmend durch Terrassen, gepflasterte Höfe und Wege zu versiegeln."

Günter Miehlich: Die Bekämpfung der Bodendegradation – eine weltweite Herausforderung. In: Petermanns Geographische Mitteilungen 147, 2003, H. 3, S. 10

M 4 ***Flächenverbrauch in Deutschland***

Jede Sekunde werden in der Bundesrepublik Deutschland 10,76 m² Boden neu als Siedlungs- und Verkehrsfläche beansprucht.
Am 17.07.2006 betrug die Siedlungs- und Verkehrsfläche: **45'953'028'137 m²**
Die gesamte Fläche der Bundesrepublik beträgt im Vergleich dazu 35 702 022 ha oder 357 020 220 000 m², wovon 8 085 000 000 m² Wasserflächen sind.
Die Idee des „Bodenzählers" stammt vom Bundesamt für Raumentwicklung der Schweiz.

http://www-public.tu-bs.de:8080/~schroete/Bodenverbrauch/Aktueller_Stand.htm, (17.07.2006)

1 *Erläutern Sie – in Zusammenarbeit mit dem Fach Chemie – ausgewählte Prozesse der chemischen Bodendegradierung.*
2 *a) Ermitteln Sie in Ihrer Region „altlastenverdächtige Flächen".*
b) Stellen Sie im Rahmen einer Behördenbefragung fest, um welche Belastungen es sich dabei handelt und welche Maßnahmen ergriffen werden.
3 *Nennen Sie weitere mögliche Ursachen der zunehmenden Bodenverdichtung in intensiv landwirtschaftlich genutzten Gebieten.*
4 *Informieren Sie sich anhand der bei M 4 angegebenen Adresse über den aktuellen Stand des „Bodenzählers".*
5 *Erläutern Sie am Beispiel Deutschlands Ursachen und mögliche Folgen der „Flächenentwicklung" (M 4).*
6 *Überprüfen Sie Ihren eigenen Lebensstil (z. B. Wohnansprüche, Freizeitverhalten) im Hinblick auf die in M 4 dargestellte Entwicklung.*
7 *Stellen Sie in einer Mindmap Formen der Bodendegradation dar.*

3 Landwirtschaft: Zerstörer oder Bewahrer des Bodens?

M1 *Einschlag eines Regentropfens*

↓ *„Nirgendwo sonst hat die Erosion so große wirtschaftliche Auswirkungen wie in der Landwirtschaft. Insbesondere große Ackerflächen sind vor der Aussaat, also ohne Bewuchs, äußerst anfällig für den Abtrag der Bodenkörner durch Niederschläge. Die von keiner Vegetation gebremsten Regentropfen wirken wie kleine Geschosse und schleudern die Bodenkörner bis zu eineinhalb Meter in die Höhe. Und durch das oberflächig abfließende Wasser können im Extremfall jährlich rund 80 Tonnen Erde je Hektar abgespült werden – dies entspricht immerhin einem halben Zentimeter Boden.*
Den Landwirt stellen diese wenigen Millimeter jedoch vor große Probleme. Denn was innerhalb eines Jahres verloren geht, braucht je nach Klima und Ausgangsmaterial mehrere hundert Jahre zur Neubildung. Und nicht nur, dass der Bauer auf diese Weise sprichwörtlich den Boden unter den Füßen verliert – auch die Fruchtbarkeit der verbleibenden Ackerkrume nimmt rapide ab, da viele Nährstoffe selektiv ausgewaschen werden. So können die Ertragsverluste durch Erosion bis zu 30 Prozent der regulären Ernte betragen.
Eine jüngste Studie des amerikanischen Geologen Bruce Wilkinson von der Universität von Michigan bringt es zudem ans Licht: Die Stärke der Erosion hat innerhalb der letzten 1000 Jahre durch menschliche Einflüsse extrem zugenommen. Wilkinsons Berechnungen zufolge liegt die natürliche Erosionsrate statistisch bei rund 18 Metern Bodenabtrag in einer Million Jahre, bei landwirtschaftlich genutzten Flächen hingegen ist diese durchschnittlich zehnmal so hoch. ‚Die Situation ist besonders kritisch, weil die Bevölkerung der Erde rasch wächst und weil nahezu alles kulturfähige Land auch für den Ackerbau genutzt wird', so Wilkinson. Durch die Zunahme der Ackerfläche erhöht sich also gleichzeitig die Erosionsgefahr. So sind allein in Europa schätzungsweise rund zwölf Prozent der Fläche wassererosionsgefährdet.
Dabei hängt die Stärke der Erosion vor allem von der Art der Bewirtschaftung und den Anbaufrüchten ab. So sind generell großflächige und buschlose Äcker gegen den Windabtrag und am Hang liegende Flächen gegen Starkniederschläge anfällig. Aber auch der Anbau einiger Kulturpflanzen wie Mais oder Zuckerrübe begünstigt die Erosion, da der Boden wegen des relativ späten Aufwuchses wochenlang künstlich offen gehalten wird und somit schutzlos Wind und Wetter ausgesetzt ist. Zudem gilt: Je höher der Humusgehalt des Bodens, desto schwerwiegendere Folgen hat die Erosion für die Landwirtschaft. Denn hier sind die Nährstoffverluste durch die Auswaschung am größten."

geoscience-online.de. Das Magazin für Geo- und Naturwissenschaften. Wenn der Humus baden geht. Landwirtschaft am Boden. 04.03.2005

↓ *„Der Einsatz von Technik bei der Bodenbearbeitung, vor allem von Traktoren, erfolgte verstärkt nach dem Zweiten Weltkrieg ... Im Extremfall beackern heute Schlepper mit mehr als 12 Scharen und bis zu 500 PS den Boden. Die benötigte Arbeitszeit für das Umpflügen von einem Hektar sank von damals (vor dem Zweiten Weltkrieg) zirka neun auf heute eine Stunde (bei einem durchschnittlichen 100 PS Schlepper). Der Einsatz großer Maschinen lohnt nur auf großen Flächen. Deshalb wurden bei der Flurbereinigung kleine Felder zu größeren zusammengefasst ...*
Durch das Befahren des Bodens mit schweren Maschinen entsteht Bodenverdichtung. Ein schlechter Gasaustausch des Bodens, Staunässe und erhöhte Erosionsgefahr sind die Folgen."

Universität Hohenheim: Vom Boden zum Schutz. o.J. S. 16f.

M2 *Bodenverträglichkeit von Landmaschinen*

Gewicht (beladen)	Verträglichkeit nach Feuchte: trocken	abgetrocknet	feucht	nass
Traktor (50 kW) 4500 kg	bodenverträglich	bodenverträglich	bodenverträglich	kritisch für den Boden
Feldhäcksler 10000 kg	bodenverträglich	kritisch für den Boden	nicht bodenverträglich	nicht bodenverträglich
Mähdrescher 16000 kg	kritisch für den Boden	nicht bodenverträglich	nicht bodenverträglich	nicht bodenverträglich
Zuckerrübenvollernter 25000 kg	kritisch für den Boden	nicht bodenverträglich	nicht bodenverträglich	nicht bodenverträglich

Legende: gelb = bodenverträglich; blau = kritisch für den Boden; rot = nicht bodenverträglich

Nach http://www.bl.ch/docs/bud/boden/fotos/erosion/maschinenbodenvertraeglichkeit.pdf

M3 Landwirtschaft – Gestern ...

„Mineralische Düngemittel kannten wir vor 50 Jahren kaum, wir benutzten unseren Stallmist als Dünger. Wir pflegten den Boden sehr. Er schenkte uns unsere Nahrung. In schlechten Zeiten wurde jede lose Ähre mit der Hand aufgesammelt. Da ging kein Halm verloren. Als wir 15 Zentner also 750 kg Weizen auf einen Hektar ernteten war das eine Sensation."
Rosa Fischer, Bäuerin, 81 Jahre

Universität Hohenheim: Vom Boden zum Schutz. o.J. S.16

M4 ... und heute

„Heute muss ich meine Felder und den Boden immer effizienter bearbeiten – sonst kann ich davon nicht leben. Ich muss dem Boden aber auch etwas geben, sonst gibt er mir keinen Ertrag. Vieles ist heute reglementiert. Hier im Wasserschutzgebiet herrschen besondere Auflagen – pflügen ist nur zu bestimmten Zeitpunkten erlaubt. Heute ernten wir in einem guten Jahr bei optimaler Witterung zirka sieben Tonnen Weizen pro Hektar."
Hans Fischer, Landwird, 48 Jahre

Universität Hohenheim: Vom Boden zum Schutz. o.J. S.17

↓ *„Die richtige Dosierung beim Einsatz von Dünge- und Pflanzenschutzmitteln zu finden, erfordert Fachwissen. Überdüngung belastet Oberflächengewässer und das Grundwasser zum Beispiel durch ausgewaschenes Nitrat ... Problematisch sind der hohe Viehbesatz (Stück Vieh pro Fläche) und die dadurch anfallenden riesigen Güllemengen ...*
Die bedarfsgerechte Anwendung von Pflanzenschutzmitteln ist eine wichtige Aufgabe für den Landwirt. Verwendet er zu wenig oder die falschen Mittel, kann seine Ernte, das heißt sein Einkommen, etwa durch Schädlingsbefall vernichtet werden. Zu viel dieser Mittel können jedoch zu giftigen Rückständen in Pflanzen, Wasser und Boden führen. Für den Menschen birgt dies eine weitere Gefahr: Über die Nahrungskette gelangen die Rückstände in den Körper.
Der Verlust der Bodenfruchtbarkeit kann durch zu intensive und falsche Bodenbearbeitung entstehen. Das Bodenleben, das heißt die Aktivität der Mikroorganismen sinkt. Eine Bodenbrache, die die Bodenfruchtbarkeit fördert, ist aus wirtschaftlichen Gründen heute nicht mehr möglich. Der Boden kann sich nicht mehr auf natürliche Weise erholen.
Der Anbau von Monokulturen, wie zum Beispiel Mais, verstärkt die negativen Effekte ...
Jeder Landwirt befindet sich in einem Interessenkonflikt: Eigentlich ist er Bodenschützer, denn der Boden ist seine Existenzgrundlage. Andererseits zwingen ihn marktwirtschaftliche Gegebenheiten aus seinem Boden immer mehr zu erwirtschaften. Hinzu kommt, dass Produktivitätsverluste durch immer größeren Mineraldüngereinsatz über Jahre verschleiert werden können. Ein böses Erwachen erfolgt so erst Jahre später. Neben den ökologischen Belastungen sind auch die ökonomischen Folgen, zum Beispiel die kostspielige Aufbereitung von nitrathaltigem Trinkwasser, nicht außer Acht zu lassen."

Universität Hohenheim: Vom Boden zum Schutz. o.J. S.17

1 *Erläutern Sie ausgehend von der Abbildung M1 Ursachen, Vorgang und Folgen der Erosion.*

2 *Ermitteln Sie im Rahmen der Besichtigung eines landwirtschaftlichen Betriebes ihrer Umgebung den Bestand an Landmaschinen. Bewerten Sie mithilfe von M2 die Bodenverträglichkeit beim Einsatz dieser Landmaschinen.*

3 *Im nebenstehenden Quellentext ist der Interessenkonflikt zwischen Bodenschutz und Gewinnmaximierung angesprochen. Befragen Sie im Rahmen Ihrer Betriebsbesichtigung den Landwirt, wie er diesen Interessenkonflikt wahrnimmt und zu lösen versucht.*

4 *Erstellen Sie zu den möglichen Auswirkungen der modernen Landwirtschaft auf den Boden ein Wirkungsgefüge.*

4 Ursachen der Bodendegradation: Zwölf Syndrome

M1 Karikatur

Nach Greenpeace

Die Bundesregierung hat im Jahre 1992 den „Wissenschaftlichen Beirat Globale Umweltveränderungen" (WBGU) als unabhängiges Beratergremium eingesetzt. Hauptaufgabe dieses interdisziplinär zusammengesetzten Expertengremiums ist es, wissenschaftliche Erkenntnisse aus allen Bereichen des globalen Wandels auszuwerten und daraus politische Handlungsempfehlungen zur Förderung einer nachhaltigen Entwicklung abzuleiten. Alle zwei Jahre (bis 2001 jedes Jahr) übergibt dieser Beirat dem Bundeskabinett ein entsprechendes Gutachten.
Für die Erforschung und Beschreibung globaler Umwelt- und Entwicklungsprobleme hat der Beirat einen eigenständigen Ansatz entwickelt, das sog. „Syndromkonzept". Der Begriff „Syndrom" ist aus dem Bereich der Medizin entlehnt, wo er komplexe Krankheitsbilder kennzeichnet und wo es darum geht, aus deren Vorgeschichte, den Symptomen, den Untersuchungen und der Diagnose eine heilsame Therapie zu entwickeln. Übertragen auf das Ökosystem Erde beschreibt er globale Umweltprobleme als „Krankheitsbilder", deren Ursachen in einem Wirkungsgeflecht aus naturräumlichen und gesellschaftlichen Faktoren liegen. Diese gilt es zu diagnostizieren mit dem Ziel, Fehlentwicklungen zu lindern, zu beseitigen oder durch vorsorgende Maßnahmen erst gar nicht entstehen zu lassen.
In einem seiner ersten Jahresgutachten (1994) hat sich der „Wissenschaftliche Beirat" detailliert dem Ursachenkomplex der Bodendegradation gewidmet. Dabei hat er regionale Hauptformen von Ursache-Wirkungs-Komplexen ermittelt, die als Syndrome der anthropogenen Bodendegradation bezeichnet werden.

↓ *„Der Verlust an oder die Beeinträchtigung von Bodenfunktionen äußert sich in bestimmten ‚Krankheitsbildern', welche sich aus Symptomen wie Winderosion, Wassererosion, physikalischer oder chemischer Degradation zusammensetzen. Fasst man die Böden als ‚Haut' des Planeten Erde auf, dann handelt es sich bei der Syndromanalyse gewissermaßen um eine ‚geodermatologische Diagnose'. Im Rahmen dieser Diagnose wird unter ‚Syndrom' das eigentliche Krankheitsbild mitsamt seinen Ursachen und Folgen verstanden. Der Beirat hat die nach seiner Einschätzung zwölf wichtigsten anthropogenen ‚Bodenkrankheiten' zusammengestellt. Die Benennung dieser Syndrome ist bewusst plakativ und symbolhaft gewählt und orientiert sich an einem ausgewählten geographischen Brennpunkt oder einer markanten Begleiterscheinung. Immer aber steht die Bezeichnung für ein Krankheitsbild, das in verschiedenen Regionen der Erde auftritt oder auftreten kann. Die zwölf Syndrome sind:*

1. *Wandel in der traditionellen Nutzung fruchtbarer Böden: ‚Huang-He-Syndrom'*
2. *Bodendegradation durch industrielle Landwirtschaft: „Dust-Bowl-Syndrom"*
3. *Überbeanspruchung marginaler Standorte: ‚Sahel-Syndrom'*
4. *Konversion bzw. Übernutzung von Wäldern und anderen Ökosystemen: ‚Sarawak-Syndrom'*
5. *Fehlplanung landwirtschaftlicher Großprojekte: ‚Aralsee-Syndrom'*
6. *Ferntransport von Nähr- und Schadstoffen: ‚Saurer-Regen-Syndrom'*
7. *Lokale Kontamination, Abfallakkumulation und Altlasten: ‚Bitterfeld-Syndrom'*
8. *Ungeregelte Urbanisierung: ‚São-Paulo-Syndrom'*
9. *Zersiedelung und Ausweitung von Infrastruktur: ‚Los-Angeles-Syndrom'*
10. *Bergbau und Prospektion: ‚Katanga-Syndrom'*
11. *Bodendegradation durch Tourismus: ‚Alpen-Syndrom'*
12. *Bodendegradation infolge militärischer Einwirkungen: ‚Verbrannte-Erde-Syndrom'*

Diese ursachenbezogene Aufgliederung des Gesamtphänomens „Bodendegradation" in global oder regional verbreitete Komponenten kann natürlich nicht vollkommen scharf sein: Gewisse Syndrome treten stellenweise gemeinsam auf; den zugehörigen Überlappungen gebührt dann besondere Aufmerksamkeit.
Aufgrund der Syndromanalyse lassen sich jedenfalls wesentlich spezifischere Abhilfemaßnahmen identifizieren und Hinweise zu Umsetzungsstrategien formulieren. Wie die Ausführung dieser Schritte im Gutachten zeigt, kommt der Förderung von ‚Bodenbewusstsein' eine besondere Bedeutung zu: Derzeit findet die Bodenproblematik bei der Mehrheit der Bevölkerung, aber auch bei Entscheidungsträgern und unmittelbaren Bodenakteuren (z.B. Landwirten) nur geringe, zu geringe, Beachtung. Deshalb ist es dringend erforderlich, Boden (bzw. Böden) in allen gesellschaftlichen Bereichen zum Gegenstand von Umweltinformation und Umwelterziehung zu machen."

Wissenschaftlicher Beirat der Bundesregierung Globale Umweltveränderungen: Welt im Wandel. Die Gefährdung der Böden. Jahresgutachten 1994 (Zusammenfassung für Entscheidungsträger), S. 4–5

M2 ***Hauptsyndrome der anthropogenen Bodendegradation***

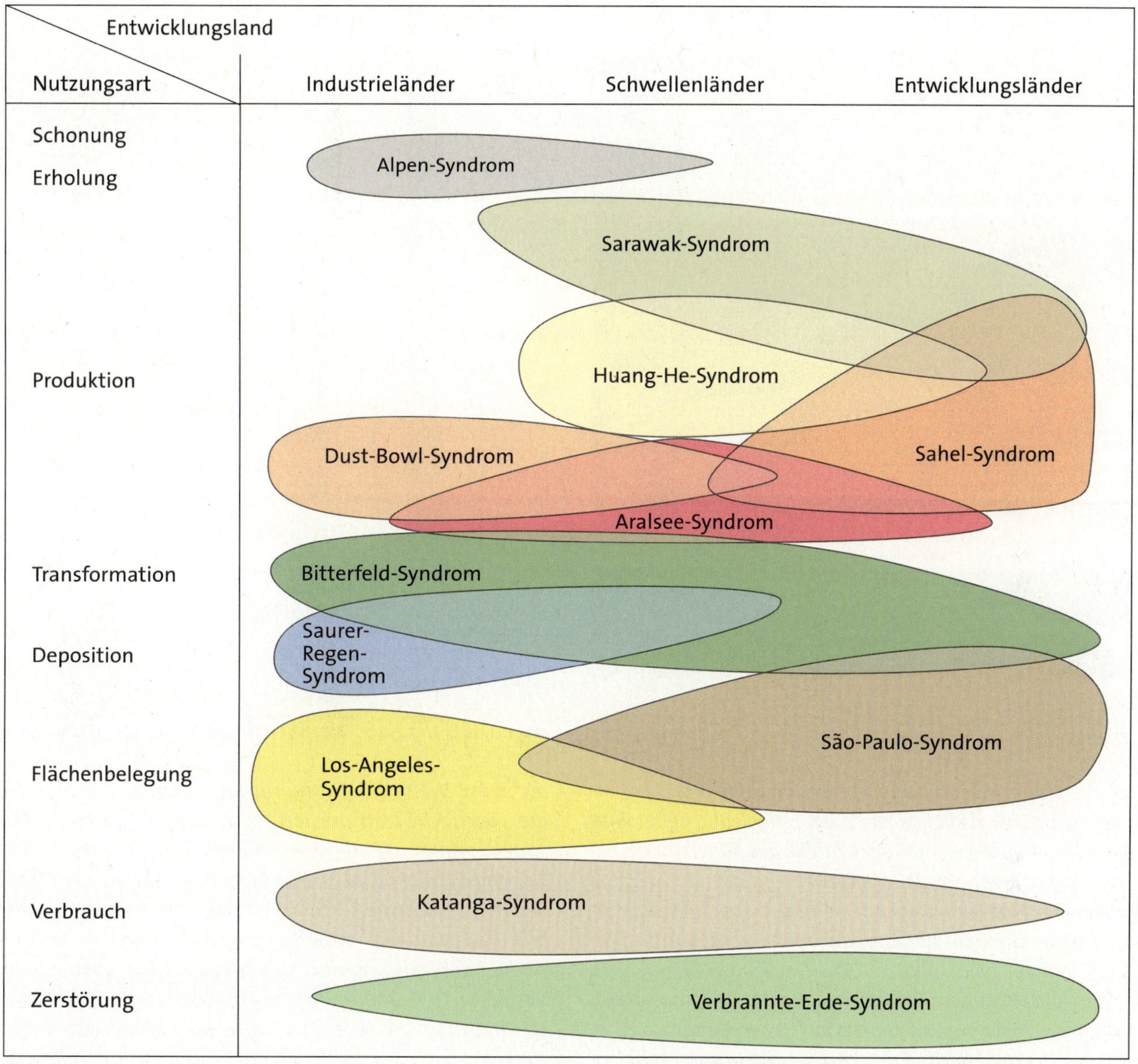

Nach: Wissenschaftlicher Beirat der Bundesregierung Globale Umweltveränderungen: Welt im Wandel. Die Gefährdung der Böden. Jahresgutachten 1994, S. 154

M3 ***Hauptsyndrome der anthropogenen Bodendegradation***

Überweidung	ca. 30 %
Entwaldung	ca. 30 %
Bodenzerstörende Landwirtschaft	ca. 30 %
Übernutzung naturnaher Vegetation	ca. 7 %
Industrie	ca. 1 %

Nach Günter Miehlich: Die Bekämpfung der Bodendegradation – eine weltweite Herausforderung. In: Petermanns Geographische Mitteilungen 147, 2003, H. 3, S. 10

Auf den Seiten 18–41 werden die einzelnen Syndrome jeweils anhand von Raumbeispielen vorgestellt. Sie können Grundlage sein für eine arbeitsteilige Gruppenarbeit oder für Facharbeiten. Die folgenden Arbeitsaufträge stellen eine Gliederungshilfe dar.

1 *Erklären Sie das vom „Wissenschaftlichen Beirat Globale Umweltfragen" entwickelte Syndrom-Konzepts.*
2 *Erläutern Sie Aufbau und Inhalt der oben stehenden Abbildung.*
3 *Formulieren Sie Hypothesen zur Entstehung der einzelnen „Krankheitsbilder" bzw. Syndrome.*
4 *Überprüfen Sie Ihre Hypothesen anhand der in den folgenden Kapiteln angeführten Raumbeispiele.*
6 *Ordnen Sie – im Rahmen einer arbeitsteiligen Gruppenarbeit oder einzelner Referate – die in den Folgekapiteln vorgestellten Raumbeispiele einzelnen Syndromen zu. Begründen Sie Ihre Zuordnung.*
7 *Beurteilen Sie die Bedeutung des Bodens bei den einzelnen Syndromen*

M1 ***Braunkohlentagebau Welzow-Süd, 2002***

M2 ***Landinanspruchnahme und Bodenverbrauch durch Braunkohlentagebau 2001***

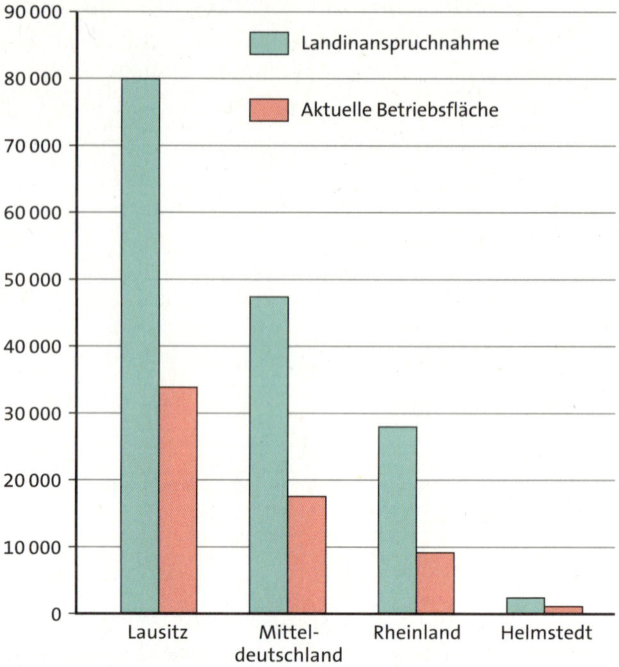

Nach Reinhart F. Hütte und Oliver Bens: Bodenverbrauch durch Braunkohlentagebau – Entwicklungspotenziale von Bergbaufolgestandorten. In: Petermanns Geographische Mitteilungen 147, 2003, H 3, S. 62

4.1 Bodenverbrauch durch Braunkohlentagebau: Das Beispiel Lausitzer Revier

↓ *„Zur Entnahme der Braunkohle wird mithilfe des Tagebauverfahrens das Kohleflöz komplett freigelegt. Hierzu wird der Grundwasserspiegel im Umfeld des Tagebaus durch Sümpfungsmaßnahmen abgesenkt und das Deckgebirge über dem Flöz abgetragen. Das abgetragene Deckgebirge – bergmännisch Abraum genannt – wird abtransportiert und an einer anderen Stelle vorzugsweise in dem schon ausgekohlten Bereich des Bergbaus – abgelagert. Auf diese Weise werden die gewachsenen Böden großflächig abgebaggert und mit den Deckgebirgsmaterialien vermengt. So verbraucht der Braunkohlentagebau Böden bzw. Bodenlandschaften und verwandelt das Gebiet, aus dem die Kohle entnommen wird, in eine Kippe (M 1) ...*

Großflächiger Braunkohlentagebau, wie er seit über 150 Jahren im Niederlausitzer Revier betrieben wird, bewirkt eine sehr starke anthropogene Veränderung, d.h. eine Störung der gesamten Bodenlandschaft, denn durch die Abraumbewegung gehen die Bodendecke, die Vegetationsdecke und die Mikro- und Mesofauna verloren. Zudem werden durch die für die Gewinnung der Braunkohle notwendigen Sümpfungsmaßnahmen flächenhaft lang andauernde Grundwasserabsenkungen verursacht ...

Durch das Verstürzen des Abraums werden in der Regel die geologischen Schichten des Deckgebirges vermischt, so dass in der Kippe andere Lagerungs- sowie geochemische Verhältnisse vorherrschen, als dies im Deckgebirge der Fall war. Somit steht ein qualitativ neues Substrat für die Bodenbildung an. Im Niederlausitzer Revier sind auf diese Weise häufig marin-brackische Sedimente an die Oberfläche transportiert worden, die im Tertiär unter sauerstoffarmen Bedingungen in der unmittelbaren Umgebung des Kohleflözes abgelagert worden waren. Diese Sedimente zeichnen sich durch hohe Kohle- und Schwefelgehalte aus und enthalten große Mengen an Eisensulfiden, namentlich Pyrit und Markasit. Diese chemischen Verbindungen sind in ihrer natürlichen Lagerung, in der sie zunächst vom Meer und später vom Grundwasser bedeckt waren, über Millionen von Jahren erhalten geblieben. Sie sind jedoch nicht länger stabil, wenn sie im Zuge des Tagebaus an die gut durchlüftete Kippenoberfläche gelangen und somit auf völlig andere Umweltbedingungen stoßen. Unter dem Einfluss von Sauerstoff beginnen sie zu verwittern. Dies ist ein Prozess, bei dem große Säure-, Sulfat- und Eisenmengen freigesetzt werden. Infolgedessen treten in den Kippsubstraten häufig pH-Werte von 3 und darunter auf. Derartige pH-Werte sind, verglichen mit denen, die in den nicht vom Bergbau beeinflussten Böden der Region gefunden werden, außergewöhnlich niedrig. Diese geringen pH-Werte bewirken eine höhere Löslichkeit von Aluminium und Schwermetallen, die zu phytotoxischen Konzentrationen führen können. Zusammen mit den hohen Salzgehalten beeinflussen sie maßgeblich die Bodenentwicklung. Zudem sind diese Substrate durch das weitgehende Fehlen von Nährstoffen und Humus charakterisiert."

Reinhart F. Hüttl und Oliver Bens: a. a. O., S. 59–63

M3 Die bedeutendsten Braunkohlen-Förderstaaten 2003

Nach Fischer Weltalmanach 2006 (CD-ROM)

Das 1999 in Kraft getretene Bundesbodenschutzgesetz – eine umweltpolitische Leistung Deutschlands, die bis jetzt weltweit einmalig ist – formuliert als oberstes Ziel, „nachhaltig die Funktionen des Bodens zu sichern oder wiederherzustellen". Es geht also vorrangig nicht um den Erhalt bestimmter Bodenmerkmale oder Bodentypen, sondern um den Schutz bzw. die Wiederherstellung von Bodenfunktionen. Im Sinne dieses Gesetzes erfüllt der Boden dabei in erster Linie natürliche Funktionen als Lebensgrundlage für Menschen, Tiere, Pflanzen und Mikroorganismen und ist – mit seinen Wasser- und Nährstoffkreisläufen – ein wesentliches Element des Naturhaushalts. Darüber hinaus werden seine Nutzungsfunktionen als Rohstofflagerstätte, als Fläche für Siedlung und Erholung, als Standort für land- und forstwirtschaftliche Nutzung sowie als Standort für sonstige wirtschaftliche und öffentliche Nutzungen (Verkehr, Ver- und Entsorgung) betont.
Zur Sicherung bzw. Wiederherstellung dieser Funktionen sind bei Bergbaufolgelandschaften umfangreiche Rekultivierungsmaßnahmen notwendig. Im Lausitzer Revier werden entsprechende Methoden seit den 1930er-Jahren erfolgreich eingesetzt. Sie stoßen aber auf Schwierigkeiten besonderer Art.

↓ *„Neben den geochemischen stellen auch die mechanischen Eigenschaften des verkippten Abraums ein Problem dar. Wegen der verkippungsbedingten, sehr lockeren Lagerung kann z.B. das wiederansteigende Grundwasser über lange Zeiträume gefährliche Setzungen und Sackungen der Kippenmassive auslösen. In Böschungsbereichen kann es dabei zum sog. Setzungsfließen kommen, durch das große Abraummassen in Bewegung geraten. Um diese Gefahr auszuräumen, wird die Kippenstabilität durch aufwändige Verdichtungsmaßnahmen verbessert ...*
Schließlich entsteht durch die Entnahme der Kohle ein gewaltiges Massendefizit. Infolgedessen können die Tagebaugruben mithilfe des Abraums nicht so weit gefüllt werden, dass das Niveau der ursprünglichen Geländeoberfläche flächendeckend wiederhergestellt werden könnte. Im Lausitzer Revier hat der Tagebau aus diesem Grund 136 sog. Restlöcher hinterlassen. Die Restlöcher füllen sich mit Wasser, wenn die Sümpfungsmaßnahmen in den benachbarten Tagebaugebieten eingestellt werden und der Grundwasserspiegel wieder ansteigt. Die Bergbaufolgelandschaft wird daher deutlich mehr Oberflächengewässer aufweisen als die ursprüngliche Landschaft ... Damit verbunden sind standörtlich auch veränderte Bedingungen für die Bodenentwicklung, insbesondere in an sich grundwassernahen Gebieten.
Die Aufgabe, die Bergbaufolgelandschaft zu rekultivieren, bedeutet in der Niederlausitz, eine großflächig fragmentierte Landschaft zu gestalten und wieder nutzbar zu machen, und zwar unter der Maßgabe, dass deren Wasserhaushalt nach langjähriger Fremdsteuerung nur schwer kalkulierbar ist, deren Böden sich vielerorts auf einem Ausgangsmaterial entwickeln, das zuvor in dieser Region nicht an der Oberfläche vorkam, und deren Besiedlung mit Pflanzen, Tieren und Mikroorganismen an vielen Orten erst vor kurzer Zeit oder noch gar nicht wieder begonnen hat. Wie sich diese ungewöhnlichen Ausgangsbedingungen auf die Entwicklung von Ökosystemen und speziell von Böden in der Bergbaufolgelandschaft auswirken, wurde allerdings bisher nicht hinreichend untersucht."

Reinhart F. Hüttl und Oliver Bens: Bodenverbrauch durch Braunkohlentagebau. a.a.O., S. 64

M4 Kürzlich fertig gewordene Rekultivierung mit Abraumbaggern im Hintergrund

1. *Wiederholen Sie die Prozesse, die zur Bildung von Braunkohlenlagerstätten führen.*
2. *Informieren Sie sich mithilfe geeigneter Atlaskarten über die weltweite Lage weiterer Braunkohlenreviere.*
3. *Erklären Sie die Folgen der durch den Braunkohlentagebau bedingten Eingriff in den Naturhaushalt.*
4. *Erläutern Sie im Rahmen eines Referates die Schwierigkeiten bei der Rekultivierung von Bergbaufolgelandschaften.*

4.2 Bodenzerstörung durch Tourismus: Beispiel Alpen

M 1 ***Pistenplanierung im Bereich des Fellhorns*** (bei Oberstdorf) ***Mitte der 1980er-Jahre***

„Die alpine Fremdenverkehrsindustrie meldet beeindruckende Zahlen: Mit über 5 Mio. Ferienbetten, jährlich 150 Mio. Hotelgästen und 500 Mio. Übernachtungen sind die Alpen eine der größten Tourismusregionen der Welt. Woher rührt diese Anziehungskraft? Der Naturraum mit seinem für Wanderer, Kletterer und Skifahrer gleichsam interessanten Relief und die traditionelle Kulturlandschaft in Verbindung mit attraktiven charakteristischen Ortsbildern reichen heute als Angebotsfaktoren nicht mehr aus. Viele Touristenorte haben auf die aktuellen Wünsche der Urlauber reagiert und technische Infrastrukturen für Aktivsportarten sowie eine breite Palette von Unterhaltungsmöglichkeiten in den Ortszentren bereitgestellt. Aber die Suche nach dem Außergewöhnlichen, nach dem Abenteuer im Urlaub ist ungebrochen, so dass auch die letzten Naturnischen erschlossen werden.
Der Tourismus bietet vor allem für die von der Bergbauernwirtschaft geprägten Regionen eine willkommene Chance neuer Einnahmequellen. Die Landwirtschaft sieht sich einer wachsenden europäischen Konkurrenz ausgesetzt, wobei ihre Produktionsbedingungen durch kurze Vegetationszeiten, Reliefungunst sowie geringwertige Böden belastet sind. Betriebsaufgaben und Abwanderungen vor allem jüngerer Menschen aus den Bergdörfern waren die Folge. Dabei ist aber gerade die Bergbauernwirtschaft wichtig für den Erhalt der ökologischen Stabilität. Viele Einheimische sehen nun in der touristischen Erschließung eine Möglichkeit, ihre wirtschaftliche und soziale Situation zu verbessern. Inzwischen hat sich aber in einigen Regionen der Tourismus zum ‚Alleinherrscher' entwickelt. Immer stärker wird die Umwelt belastet, wird die kulturelle Identität gefährdet. Dadurch zerstört der Tourismus seine eigenen Grundlagen.

Das Ökosystem Alpen reagiert wie alle Hochgebirgsräume besonders empfindlich auf Eingriffe und Störungen. Die Steilheit des Reliefs sowie die mit zunehmender Höhenlage immer deutlicher reduzierten Temperaturen und größeren Niederschlagsmengen behindern die Vegetationsentwicklung. Wachstums- und demzufolge auch Regenerationsprozesse laufen extrem langsam ab. Eine Alpenrose zum Beispiel braucht bis zur ersten Blüte 80 bis 90 Jahre, und das Felsenröschen, ein rasenbildender Zwergstrauch, wächst in 30 Jahren nur etwa 3 Zentimeter. Schäden an einzelnen Pflanzen oder an der Vegetationsdecke, wie sie zum Beispiel bei extremer Trittbelastung oder beim Planieren einer Skipiste auftreten, sind daher zumeist irreparabel.
Seitdem das Skifahren ein Massensport geworden ist, haben die Eingriffe in das Ökosystem Alpen besonders in Form von Geländeveränderungen sehr stark zugenommen. Hatte sich früher die Skiabfahrt dem Relief angepasst, so muss sich heute vielfach der Berg der Abfahrt anpassen. Für den Wintertouristen sind die Eingriffe kaum erkennbar, deckt doch der Schnee gnädig alle Sünden zu. Erst nach der Schmelze werden die Wunden sichtbar. Die Veränderungen im Landschaftsbild sind in einigen Regionen bereits derart schwerwiegend, dass der Sommertourismus zurückgeht. Zu den ökonomischen treten die ökologischen Folgen. Eingriffe in Gelände und Vegetation verringern die Wurzelmasse, beeinträchtigen damit den Bodenschutz und das Wasserspeichervermögen des Bodens."

Ulrich Brameier u. a.: *TERRA Erdkunde SII Räume und Strukturen.* Gotha und Stuttgart: Klett-Perthes 1999, S. 111, 113

M 2 Mögliches Wirkungsgefüge des Pistenskilaufs

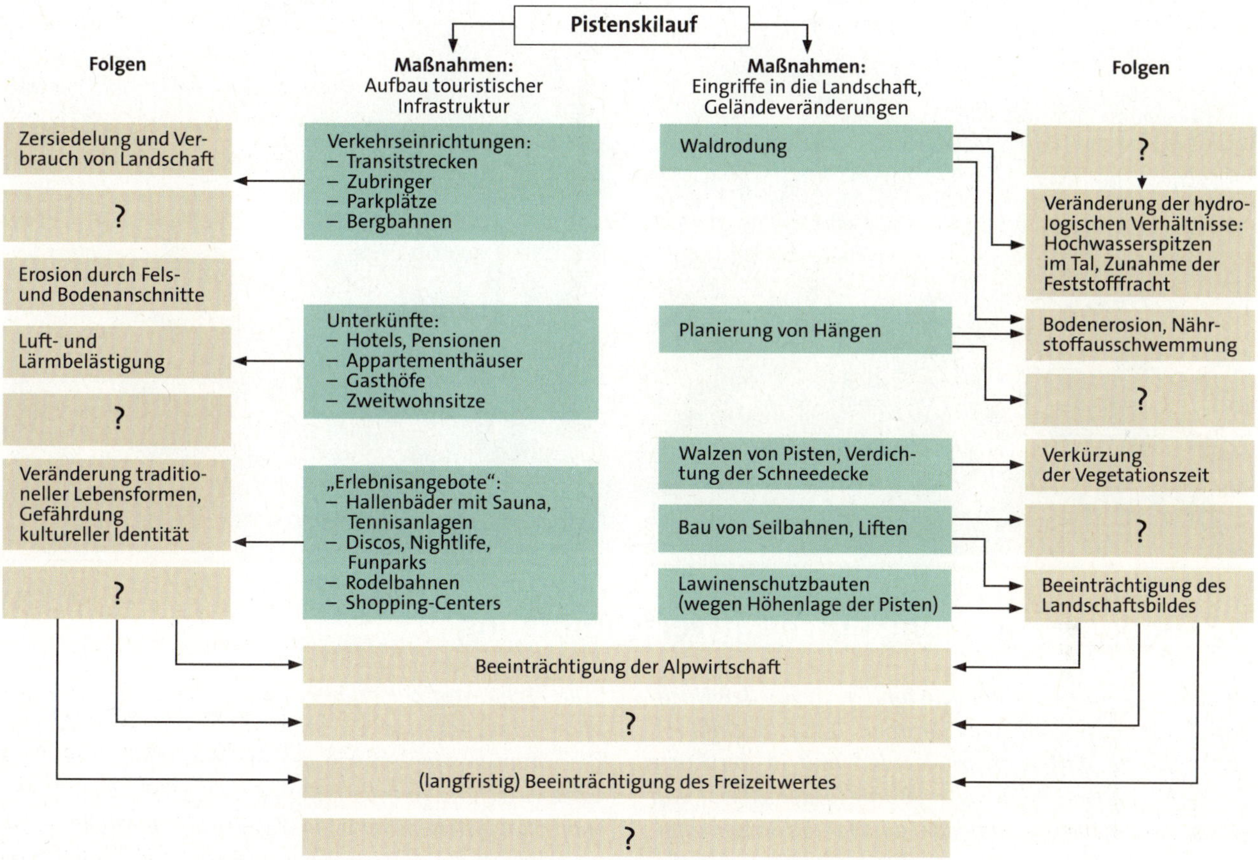

Nach Ulrich Brameier u. a.: a. a. O., S. 113

↓ *„Am Morgen sind Krimpelstätter und der Bauleiter in der Region, Wolfgang Hartwagner, zur Wildentallawine aufgestiegen, besser gesagt dahin, wo neun Arbeiter versuchen, eine fast senkrecht abfallende Rinne mit Barrieren gegen die alljährlich abgehenden Schneemassen zu verlegen. Eine halbe Stunde lang geht's schweißtreibend nach oben; steile Steige sind eigens für die Baustelle gehauen, mit Seilen gesichert worden, und der Hubschrauber schafft vom Mineralwasser über den Materialcontainer bis hin zur tonnenschweren Lawinensperre aus Stahl alles nach oben …*

Fachleute sind sich einig, dass Lawinen und Muren immer mehr Schäden anrichten. Die Schuld daran geben die Experten von der Internationalen Alpenschutzkommission (Cipra) zum einen dem Klimawandel, der Gletscher ab- und Dauerfrostböden auftauen lässt mit der Folge, dass immer mehr loses Gestein ins Tal drängt. Schnee bleibt eine Weile liegen; fallen aber mehr Niederschläge als Regen, dann fließen größere Wassermengen schneller ab und reißen den Hang mit. Der Mensch besorgt den Rest: Zu viel Dünger auf den Wiesen verhindert ‚haltbare' Wurzelbildung; unter dem Wasserdruck ‚explodieren' die Hänge. Die kaum gebremste gewerblich und touristische Erschließung greift nach Flächen, die vordem aus gutem Grund unbesiedelt waren; sie transportieren hohe materielle Werte in verletzliche Regionen und provozieren gewaltige Schäden, wo die Lawine früher höchstens einen Heustadel platt gemacht hätte. Für Skipisten walzen Touristiker die Bergflanken glatt und verlangen, dass die Zufahrten zu den Wintersportgebieten immer frei sein sollen. Dafür müssen die Schneebarrieren ausgebaut werden – während Krimpelstätters Leute alle Hände voll zu tun haben, den Bestand zu sichern …

Hartwagner hat festgestellt, dass sich ‚in den (letzten) zwanzig Jahren vieles zum Schlechteren verändert hat'. Da hat man Schutzwälder angetastet, ‚weil die Leute schauen, was sie aus dem Wald rausholen können' … Außerdem, sagt Hartwagner, wächst der Druck auf die Bürgermeister als Baugenehmigungsbehörde erster Instanz: ‚Die sind von Wählerstimmen abhängig, und man weiß ja, wie das läuft.'“

Paul Kreiner: Der Berg ruft, bisweilen schlägt er zurück. In: Stuttgarter Zeitung vom 25.07.2002.

1 *Untersuchen Sie Winter-Reiseprospekte im Hinblick auf touristische Angebote, die eine Belastung für das lokale oder regionale Ökosystem darstellen.*

2 *Ergänzen Sie – auch mithilfe des Quellentextes auf S. 21 – das „Wirkungsgefüge“ (M 2).*

3 *Erläutern Sie anhand dieses Wirkungsgefüges und mithilfe des Quellentextes (S. 20) die besondere Gefährdung der Böden.*

4 *Erarbeiten Sie Vorschläge für ein Nutzungskonzept, das versucht, Ansprüche des Tourismus mit denen des Naturschutzes in Einklang zu bringen.*

M1 Waldschäden

4.3 Bodenversauerung durch Luftverschmutzung

„Auch 2005 wurde der Waldzustand noch von den Nachwirkungen des trockenen Sommers 2003 beeinflusst. Während die Witterung im Norden und in der Mitte Deutschlands der Erholung der Bäume förderlich war, war dies im Süden nicht überall der Fall. War die Borkenkäfermassenvermehrung der Vorjahre bundesweit rückläufig, so gab es im Südwesten, begünstigt durch die warme und zeitweise trockene Witterung, weiterhin Schäden durch Borkenkäfer an Fichten ... Die Vorbelastung der Wälder durch immer noch zu hohe Stoff- und Säureeinträge verstärkt ihre Anfälligkeit für zusätzlich auftretende Stressfaktoren und stellt langfristig ein Risiko für die Qualität der Böden und des Grundwassers dar. Darüber hinaus bringt die Klimaänderung für den Wald bzw. die Waldbewirtschaftung neue Herausforderungen mit sich ...

Luftverunreinigungen belasten die Waldökosysteme weiterhin, wenn auch nicht mehr so stark wie noch vor 15 Jahren. Von besonderer Bedeutung sind dabei Stickstoff- und Schwefelverbindungen sowie Ozon. Sie wirken in den Wäldern auf vielfältige Weise: Hohe Schadstoffkonzentrationen in der Luft sind pflanzentoxisch und verursachen akute Schäden z. B. an Nadeln und Blättern. Über längere Zeiträume einwirkende geringe Konzentrationen verursachen Vitalitätsverluste und Störungen des Wasser- und Nährstoffhaushalts der Ökosysteme. Langfristig wichtiger als diese direkten Wirkungen sind jedoch die Veränderungen der Waldböden infolge langjähriger Einträge von Säurebildnern, eutrophierendem Stickstoff (vor allem Stickstoffoxide und Ammoniak) und anderen Luftverunreinigungen."

Bundesministerium für Ernährung, Landwirtschaft und Verbraucherschutz (Hrsg.): Bericht über den Zustand des Waldes 2005.Berlin 2006, S. 4 und 31

„Die Schadstoffbelastungen haben sich verschoben vom Schwefeldioxid zu Stickoxiden und Ammonium, die Hauptemittenten von der Industrie zu Verkehr und Landwirtschaft. Ammonium und sein Ausgangsstoff Ammoniak wurden bisher in ihrer Wirkung unterschätzt, inzwischen ist ihr im Vergleich zu Schwefeldioxid und Stickoxiden weit höheres Versauerungspotenzial erkannt. Die pH-Werte der Waldböden liegen bis in den Unterboden unabhängig vom Bodentyp (Ausnahme Kalkverwitterungsböden) zum großen Teil unter dem ökologisch kritischen Grenzwert von pH 4,2. Der Boden wird ‚krank'. Er ist nicht mehr tiefgründig von Zersetzern und Pflanzenwurzeln durchdrungen, setzt potenziell giftiges Aluminium frei und verliert Nährstoffe. Als Bedingung ökologisch nachhaltiger Waldwirtschaft gilt ein pH-Wert von 5 ...

Das (hier vorgestellte) Syndrom ist die durch ferntransportierte Luftschadstoffe verursachte Bodendegradation und wird am Symptom der Bodenversauerung deutlich. Das Syndromkonzept unterstreicht die Bedeutung des Bodens als integraler Geoökofaktor, als ‚Querschnittsmedium' zwischen Anthropo-, Atmo-, Bio-, Litho- und Hydrosphäre ...

Es zeigt (sich) vor allem, dass hier jeder verantwortlich ist – oft ohne es zu merken. Beispiel: unser Fleischkonsum. Das Beziehungsgeflecht ‚Fleischkonsum → Massentierhaltung → Güllewirtschaft → Ammoniakemissionen → Ammoniumeinträge → Bodenversauerung' transparent zu machen, wäre ein Beitrag par excellence zur Umweltbildung. Dadurch wird die Kompetenz im Umgang mit Komplexität gefördert und Anlass für ethische Diskussionen gegeben. Die einzelnen Bürger sind ... aus ihrer alltäglichen (Mit-)Verantwortung für das kollektiv bedeutsame Gut Boden nicht zu entlassen."

Jürgen Lethmate: Bodenversauerung als zentrales Symptom des Waldsterbens. In: geographie heute 197, 2002, S. 42

M2 Säureeintrag in den Boden

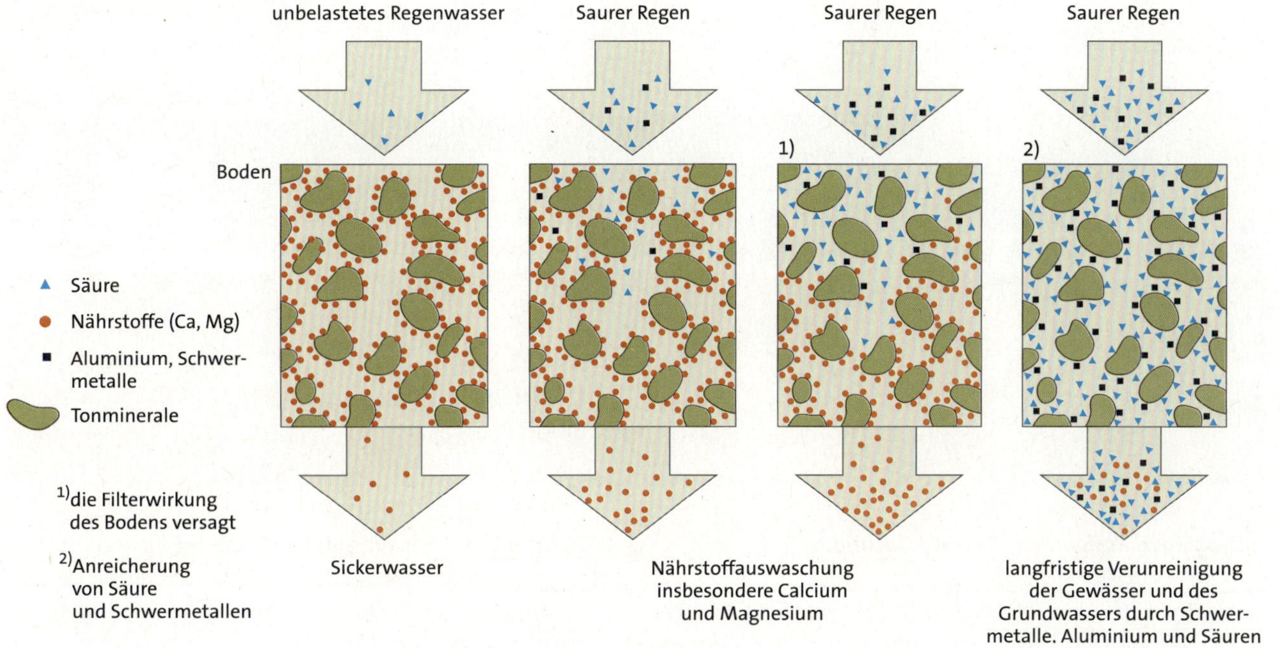

Nach Jörg Kues, Egbert Matzner, Dieter Murach: Saurer Regen und Waldsterben, Göttingen 1984, S. 77

M3 Wurzelsystem von gleichaltrigen Fichten auf unversauertem (links) und versauertem (rechts) Waldboden

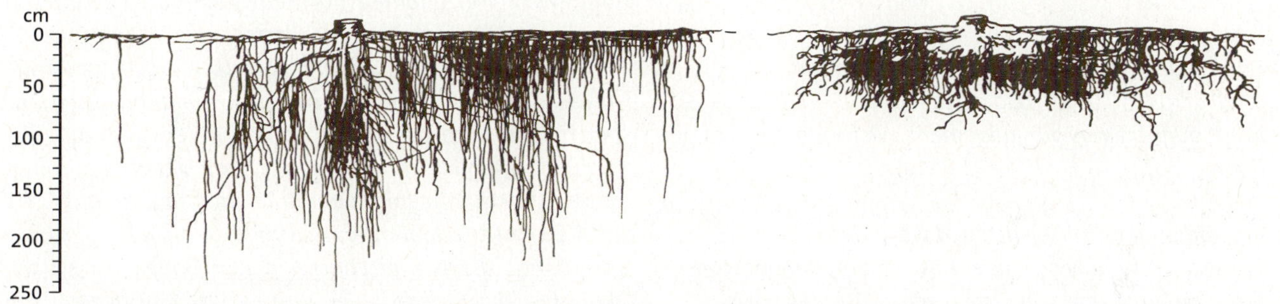

Nach Niedersächsische Forstliche Versuchsanstalt (Hrsg.): Patient Wald. Göttingen 1995, S. 40

„Regenwasser sollte bei Berücksichtigung des atmosphärischen Kohlendioxids (CO_2) in der Luft einen pH-Wert von ungefähr 5,5 haben; aufgrund der Emissionen liegt dieser in Deutschland jedoch durchschnittlich bei 4–4,5. Der Eintrag von Schadstoffen über das Regenwasser wird auch als nasse Deposition bezeichnet.

Folgen der nassen Deposition:

Der Eintrag von Säure führt zu einer Erhöhung der H^+-Ionen in der Bodenlösung ... Aufgrund ihrer erhöhten Konzentration verdrängen sie die wichtigen Pflanzennährstoffe (Magnesium, Kalium, Calcium etc.) von den Austauschern, die mit dem Bodenwasser ins Grundwasser abgeführt werden. Magnesium und Calcium werden auch als basisch-wirksame Kationen bezeichnet, d. h. sie wirken der Versauerung durch bestimmte Prozesse entgegen. Wo diese basisch-wirksamen Kationen fehlen, kommt es zu einer Absenkung des pH-Wertes im Boden. Besonders stark sind solche Böden betroffen, die – geologisch bedingt – nur sehr wenig Calcium (Ca) und Magnesium (Mg) aufweisen und deren Puffereigenschaften sehr eingeschränkt sind.

Infolge der pH-Wert-Absenkung (pH $< 4{,}2$) entstehen durch chemische Prozesse Al_3^+-Ionen, die, wenn sie in die Bodenlösung übergehen, Pflanzenwurzeln und Bodenlebewesen schädigen bzw. abtöten können. Gleiches trifft auch für Eisenionen zu, die bei einem pH-Wert $< 3{,}8$ freigesetzt werden. Mehr als 80 % der carbonatfreien Standorte weisen bereits in einer Bodentiefe von 10 cm – 30 cm einen pH-Wert $< 4{,}2$ auf; und dies ist genau der Bereich, der von den Feinwurzeln der Bäume am stärksten durchwurzelt ist!"

http://www.wald.de/forstwirtschaft/waldschaeden/waldschaeden.htm

1. *Stellen Sie Ursachen und Folgewirkungen des Ferntransports von Schadstoffen fest.*
2. *Wiederholen Sie aus Kapitel 2 (S. 8) die Bedeutung des pH-Wertes.*
3. *Erläutern Sie nun insgesamt die Auswirkungen des Säureeintrags auf den Boden.*

4.4 The Great Dust Storm Desaster: Folgen industrialisierter Landwirtschaft

***M 1* Soil Erosion in den Great Plains**

↓ *A Dust Bowl Ballade von Woody Guthrie*

„On the 14th day of April of 1935,
There struck the worst of dust storms that ever filled the sky.
You could see that dust storm comin', the cloud looked deathlike black,
And through our mighty nation, it left a dreadful track.

From Oklahoma City to the Arizona line,
Dakota and Nebraska to the lazy Rio Grande,
It fell across our city like a curtain of black rolled down,
We thought it was our judgement, we thought it was our doom.

The radio reported, we listened with alarm,
The wild and windy actions of this great mysterious storm;
From Albuquerque and Clovis, and all New Mexiko,
They said it was the blackest that ever they had saw.

From old Dodge City, Kansas, the dust had rung their knell,
And a few more comrades sleeping on top of old Boot Hill.
From Denver, Colorado, they said it blew so strong,
They thought that they could hold out, but they didn't know how long ...

http://www.woodyguthrie.de/disaster.html

Der Sänger und Gitarrist Woody Guthrie wurde am 14. Juli 1912 in der kleinen Stadt Okemah geboren, in den Sanddünen von Oklahoma. Er verlor schon frühzeitig seine Familie und war deshalb – noch keine 15 Jahre alt – gezwungen, sich als obdachloser Gelegenheitsarbeiter und Musiker durchs Leben zu schlagen. So gehörte er bald zu dem wachsenden Heer der Okies, der Wanderarbeiter aus Oklahoma und Arkansas. Ihnen hatten die Staubstürme in ihrer Heimat ihr Land und damit die Existenzgrundlage geraubt. Bei seinen Wanderungen, Jobs und Auftritten in Kneipen lernte er die Nöte der Minenarbeiter und das Elend der Vorstadtbaracken ebenso kennen wie die Überlebenstechniken seiner Schicksalsgenossen.

↓ *Woody Guthrie hat die schmerzhaften Erfahrungen seiner Jugendzeit in verschiedenen Balladen verarbeitet.*
„Das bekannteste Beispiel für ökologische Schäden, die durch eine unbedachte Landnutzung hervorgerufen wurden, sind die katastrophalen Bodenzerstörungen in den Great Plains. Optimistische Beurteilungen des Raumes und hohe Weizenpreise auf dem Weltmarkt verlockten in den 1920er-Jahren viele Farmer, die Ackerbaugrenze in die semiariden Gebiete über 100° westliche Länge hinaus auszudehnen. Regenreiche Jahre brachten zunächst Rekordernten. Diese waren in den Trockengebieten erst möglich durch die Methode des dry farming: Einem Anbaujahr folgte ein Brachjahr, in dem das Land von Unkraut freigehalten und tiefgründig gepflügt wurde, damit die Niederschläge in den Boden eindringen konnten. Nach dem Regen wurde das Land geeggt, um das Kapillarsystem zu unterbrechen und so die Verdunstung zu mindern. Das so im Boden gespeicherte Wasser ermöglichte den Getreideanbau im folgenden Jahr.
Diese Anbaumethode sowie die Getreidemonokultur auf riesigen Flächen mussten in Dürrejahren, die in den Plains immer wieder auftreten, zu katastrophalen Folgen führen. Durch die in den baumlosen Plains auftretenden großen Windgeschwindigkeiten kam es zu schweren Erosionsschäden, wobei besonders der fruchtbare Oberboden abgetragen wurde. Nachfolgende heftige Regenschauer rissen tiefe Rinnen und Gräben in die Äcker und schwemmten den Boden fort.
Die Auswirkungen der Bodenerosion waren besonders stark im Bereich nahe der Trockengrenze, wo die Niederschläge besonders unregelmäßig fallen (hohe Niederschlagsvariabilität), so im Grenzgebiet der Staaten Colorado, Kansas, Oklahoma, Texas und Neu Mexiko, ... Schätzungen besagen, dass es allein in den 1930er-Jahren zur Zerstörung von ca. 1 Mio. ha Ackerland kam. Mehr als 600.000 Farmer verloren damals infolge von Bodenschäden ihre Existenz."

Klett-Perthes/TERRA-Alexander-Datenbank

M2 ***Der Untersuchungsraum***

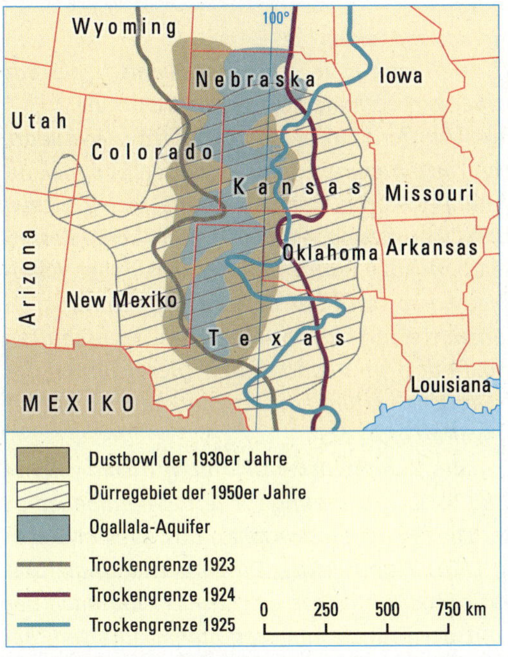

M3 ***Klimadiagramm von Omaha/Nebraska***

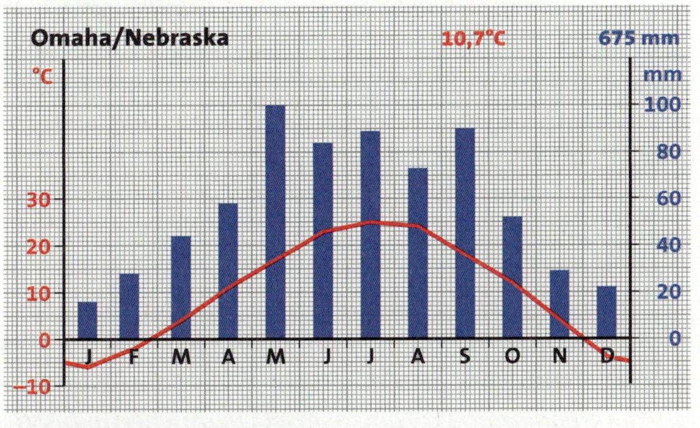

M4 ***Bodentyp der Great Plains: Schwarzerde***

Schwarzerde (Chernozem) Entsteht meist über Löss, Niederschlagsmangel verhindert stärkeren Sickerwasserstrom, keine Verlagerung von Tonmaterialien und Humidstoffen. Sommertrockenheit und Winterkälte hemmen bakteriellen Abbau des organischen Materials, daher trotz spärlicher Vegetation hoher Gehalt an Humusstoffen, intensive Durchmischung des Bodenmaterials durch Wühltiere, Entstehung des mächtigen, gut durchlüfteten und sehr fruchtbaren A_h-Horizonts.

Das hier vorgestellte Syndrom ist das Ergebnis einer industriellen Landwirtschaft, die versucht, auf den verfügbaren Flächen in kurzer Zeit den größtmöglichen Gewinn zu erzielen. Durch den Einsatz von Maschinen in großräumig „bereinigten" Fluren und durch die Errichtung von „Tierfabriken" wird der menschliche Arbeitsaufwand minimiert. Der Anbau leistungsfähiger Pflanzensorten in Monokultur, hohe Gaben von Pestiziden und Medikamenten sowie hoher Dünge- und Futtermitteleinsatz und intensive Bewässerung sollen Ertrag und Leistung maximieren. Die Folgen sind neben der Erosion und Bodenverdichtung vor allem auch die Kontamination von Luft und Wasser.

↓ *„Hauptsymptome des zugehörigen Bodenschädigungsbildes sind:*

- *hohe Anfälligkeit gegenüber Wind – und Wassererosion infolge der beträchtlichen Expositionszeiten des umgepflügten Bodens sowie aufgrund der geringen Gliederung der Agrarlandschaft,*
- *Destabilisierung der Grasnarbe und nachfolgende Erosion durch Überbesatz und Überweidung,*
- *Fertilitätsverlust durch Tiefpflügen, Beseitigung der Ernteabfälle und monotone Fruchtfolgen,*
- *Reduktion der Bodendrainage infolge der Verdichtung durch schwere Landmaschinen,*
- *chemische Bodenbelastung durch Überdüngung und Kontamination (Pestizide).*

Die Schwerpunkte dieses Landwirtschaftstyps mit seinen positiven und negativen Konsequenzen lagen ursprünglich im Bereich von Gunstböden, also z. B. in Mittel- und Osteuropa, USA, Kanada, Argentinien, Südafrika und Australien. Seit den 60er-Jahren breitet sich die industrielle Landwirtschaft allerdings auch in Regionen der Welt aus, welche nicht über vergleichbare Gunstböden verfügen – in den Mittelmeerländern, in Lateinamerika, Ostafrika, im Nahen Osten und Südasien."

Wissenschaftlicher Beirat der Bundesregierung Globale Umweltfragen: Die Gefährdung der Böden. Jahresgutachten 1994, S. 160

1. *Informieren Sie sich im Rahmen einer Internet-Recherche über den Lebensweg von Woody Guthrie.*
2. *Beschreiben und lokalisieren Sie die in der Ballade (S. 24) verarbeiteten Ereignisse.*
3. *Untersuchen Sie die naturräumlichen Voraussetzungen der Landwirtschaft in den Great Plains (M 2 – M 4 und Atlas).*
4. *„The Great Dust Storm Desaster" – Erarbeiten Sie zu dessen Ursachen und Folgen ein Wirkungsgeflecht.*
5. *Ermitteln Sie mithilfe einer Internet-Recherche mögliche Gegenmaßnahmen (z. B. unter folgender Adresse: http://www.baselland.ch/docs/bud/boden/fotos/erosion/main-erosion.htm).*

4.5 Lokale Kontamination und Altlasten

M1 Ein Autor und sein Roman ...

Erscheinungsdatum
21. 04. 2004
320 Seiten

„Jörg Sambeth, geboren 1932 in Bad Mergentheim, studierte Chemie und zog 1960 nach Genf. Zehn Jahre später ist er im Topmanagement der Givaudan angelangt, als ihm überraschend die Stelle als Technischer Direktor angeboten wird. Zu seinem Aufgabenbereich gehört auch das Werk Icmesa in Seveso, wo 1976 der Dioxin-Unfall geschieht.

Jörg Sambeth wird 1983 in Italien als einer der Hauptverantwortlichen zu fünf Jahren Gefängnis verurteilt. Schon vorher hat er begonnen, nach den wahren Hintergründen zu forschen – eine Aufgabe, die ihn nicht mehr loslässt. Die Katastrophe wirft ihn aus der Bahn und löst tiefe Schuldgefühle aus. Er setzt alles daran, im Gestrüpp von Lügen, Spekulationen und Fakten die wahren Hintergründe und Fakten zu ermitteln."

http://www.unionsverlag.com/info/title.asp?title_id=2247#details

M2 Hintergründe und Fakten

„Am 10. 07. 1976 kam es in der norditalienischen Stadt Seveso zu einer verheerenden Umweltkatastrophe.

Im ICMESA-Werk der Genfer Kosmetikfirma Givaudan, einem Tochterunternehmen des Schweizer Chemiekonzerns Hoffmann-LaRoche, kam es infolge menschlichen Versagens zur Überhitzung in einer Trichlorphenol-Kesselanlage. Die Chemikalie wurde zu Hexachlorophen (chlorierter Kohlenwasserstoff, der in hoher Verdünnung als Desinfektionsmittel mit stark bakteriziden Eigenschaften Anwendung findet) in Deodorantien (Bezeichnung für Mittel, die Gerüche verhindern, überdecken oder entfernen sollen) weiterverarbeitet.

Nach Bersten des Sicherheitsventils traten Trichlorphenol und über 2 kg TCDD (Abkürzung für Tetrachlordibenzo-p-dioxin), also Dioxine, explosionsartig aus. Weißer Staub rieselte auf Häuser und Felder. Durch Verhüllungs- und Desinformationspolitik wurde erst am 17. Tag nach der Explosion mit der Evakuierung begonnen, nachdem bei 30 Personen schlimme Hautschäden aufgetreten waren. Das Zentrum der Region von Seveso bleibt auf Jahre hinaus unbewohnbar. Die Häuser von 40 Familien mussten abgerissen, die oberen Bodenschichten abgetragen und deponiert werden, 75 000 vergiftete Tiere mussten getötet werden. 200 Personen erlitten schwere Hautschäden. Die Zahl der missgebildet geborenen Kinder stieg von 4 (1976) auf 38 (1977) und 59 (1978). Die Zahl der Totgeburten stieg von 8 (1976) auf 12 (1977) und 14 (1978).

Die Langzeitfolgen wie Krebs und Erbgutschäden werden erst in Jahrzehnten offensichtlich und abschätzbar sein. Eine positive Folge dieses tragischen Unglücks ist eine größere Sensibilität der Öffentlichkeit und die Einsicht in die Notwendigkeit der Kontrolle der chemischen Industrie durch die Behörden (Störfallverordnung).

http://www.umweltlexikon-online.de/fp/archiv/RUBhome/index.php

→ Seveso

„Es ist auf die Initiative von Toxikologen zurückzuführen, dass in zahlreichen Fabriken Rauchgasfilteranlagen installiert worden sind, die einen großen Teil des unerwünschten Dioxins zurückhalten. Dadurch ist die Belastung zwar geringer geworden, aber der gefährliche Stoff ist nicht völlig aus der Umwelt verschwunden. Das liegt daran, dass Dioxin sehr stabil ist und in der Umwelt nur langsam abgebaut wird. Es reichert sich über verschiedene Nahrungsketten vor allem in fleischfressenden Tieren an, das Fleisch von Nutztieren kann über das Futter mit Dioxin verseucht werden. Wir nehmen mit der Nahrung täglich kleine Mengen Dioxin auf. Menschen, die sich überwiegend von tierischen Produkten ernähren, können damit unter Umständen sogar die von der Weltgesundheitsorganisation als unschädlich angesehene Menge überschreiten."

http://www.uni-protokolle.de/nachrichten/id/51903/ 22. 10. 2005: Wie Dioxin im Körper wirkt

↓ „Der Boden hat ein erhebliches Speichervermögen, leider auch für Schadstoffe. Er kann bei einer unverantwortlichen Nutzung langsam und unbemerkt vergiftet werden, die Folgen treten oft erst Jahrzehnte später ein. Insbesondere umweltgefährdende Stoffe, die früher auf Industrie- und Militärgeländen sowie auf Deponien abgelagert wurden und z.T. versickert sind, stellen vielerorts eine Bedrohung für das Grundwasser bzw. Oberflächengewässer dar. Sie können so auch in die Nahrungskette des Menschen gelangen. Das Problem des kontaminierten Bodens, der die Umwelt und damit auch unsere Gesundheit gefährdet, wurde erst Anfang der siebziger Jahre als solches wirklich erkannt ...
Bei Altablagerungen handelt es sich um Flächen, auf denen Abfallentsorgungsanlagen stillgelegt worden sind oder Bauschutt, Bergematerial und andere Abfälle behandelt oder illegal abgelagert wurden. Altstandorte sind Flächen stillgelegter Anlagen, in denen mit umweltgefährdenden ... Stoffen umgegangen worden ist. Eine Verdachtsfläche liegt vor, soweit eine meist in ihrer Vorgeschichte begründete Besorgnis besteht, dass schädliche Bodenveränderungen oder sonstige Gefahren entstanden sind. Zur Klärung der Vornutzung können Karten, Archivmaterial und Luftbilder herangezogen werden.
Eine Altlast liegt erst dann vor, wenn nachgewiesen ist, dass durch die Ablagerung oder den Altstandort tatsächlich eine solche Gefahrenlage oder bereits ein Schaden eingetreten ist. Altlasten entstehen unter anderem durch illegale Abfallbeseitigung, ehemalige Schutt- und Müllplätze (Deponien), Betriebsflächen und Grundstücke, auf denen mit umweltgefährdenden Stoffen hantiert wird. Dazu zählen auch die Gefährdungen aus dem militärischen Bereich: Entschärfungsstellen, aufgelassene Produktionsstätten der Rüstungsindustrie, Spreng- und Schießplätze etc ...

Die Kosten für Sanierungen sind extrem hoch. Ein gutes Beispiel dafür ist die Sicherung der stillgelegten Sonderabfalldeponie Malsch bei Karlsruhe. Die Arbeit hat sieben Jahre gedauert. Mit der Herstellung einer 950 Meter langen Dichtwand um die gesamte Deponie, einer 700 Meter langen Außendrainage sowie einer knapp 200 m langen Innendrainage konnten die Sanierungsziele erreicht werden (Kosten: über 50 Mio. Euro) ...
Die Wissenschaftler arbeiten fieberhaft an der Entwicklung und Optimierung der Sanierungsmethoden. Als Alternative wird zur Zeit das Konzept ‚Monitored Natural Atennuation' kontrovers diskutiert: Die Idee ist die Nutzung von natürlichen Selbstreinigungs- und Abbauprozessen. Voraussetzungen hierfür sind allerdings kontrollierbare Bedingungen und der Nachweis von Abbauwirkungen im Einzelfall. Das Konzept ist damit nicht mit ‚Nichtstun' gleichzusetzen. Skeptiker sind jedoch der Ansicht, dass bei einer akuten Gefahr selbsttragende Reinigungsprozesse wegen der dazu notwendigen langen Zeiträume nicht in Frage kommen können."

Universität Hohenheim: Vom Boden zum Schutz. o. J. S. 26

M3 Sanierung eines Dioxin-verseuchten Betriebes in Crailsheim-Maulach (Kreis Schwäbisch-Hall), Kosten: ca. 6 Mio. Euro

vor der Sanierung

nach der Sanierung

1 Bestimmen Sie Räume und Gebiete, die von dem hier vorgestellten Syndrom der Bodendegradation besonders betroffen sein können.
2 Stellen Sie anhand des Fallbeispiels Seveso die Wirkungskette bei einer lokalen Kontamination dar.
3 Erläutern Sie die im Text und im Foto dargestellten Abhilfemaßnahmen.

4.6 Bodenzerstörung durch Militär

M1 *Einsatz von Agent Orange im Vietnamkrieg*

„Jack B. Weinstein ist ein gründlicher Mann. Mit dem Richterspruch ... lässt sich der 83-jährige amerikanische Bundesrichter vom Federal Court of Brooklyn Zeit. Die brauche er, um alle Beweisanträge zu prüfen, sagte er amerikanischen Medien. Geklagt hatte die ‚Vietnamesische Vereinigung der Opfer von Agent Orange'. Ihr gehören rund 100 Vietnamesen an, die während des Krieges, den der Westen den ‚Vietnamkrieg' und Vietnamesen den ‚amerikanischen Krieg' nennen, mit dem Gift besprüht wurden oder besprühte Nahrungsmittel aßen, deshalb krank wurden oder Behinderungen erlitten. Betroffen sind mindestens zwei Millionen Menschen. 80 Millionen Fässer toxische Chemikalien, darunter Agent Orange, wurden neuesten Forschungen zufolge während des Krieges über riesigen Teilen Zentralvietnams und über dem so genannten Ho-Chi-Minh-Pfad an den Grenzen zu Laos und Kambodscha abgeworfen. Die Entlaubung des Regenwaldes galt als militärisches Ziel: Die USA wollten das Laubdach beseitigen, das der so genannten Befreiungsfront Tarnung und Schutz bot.

Die Gifte führen zu Krebserkrankungen bei Menschen, die auf den Kriegsschauplätzen mit ihnen in Berührung kamen und die noch heute Reis und Gemüse von verseuchten Böden essen, und zu schweren Missbildungen bei deren Kindern und Enkeln ...

Die im Januar 2004 von drei mutigen Betroffenen eingereichte Zivilklage rückte die Kriegsversehrten endlich wieder in den Blick der Öffentlichkeit. Und die weiß die Klage bei Richter Weinstein in guten Händen – auch wenn er sich Zeit lässt, möglicherweise noch Monate."

Marina Mai: Agent Orange vor Gericht. Vietnamesen wollen ihr Recht. In: Das Parlament Nr. 11 / 14.03.2005.
http://www.das-parlament.de/2005/11/Ausland/003.html (22.10.2005)

M2 *Landminen – Die tödliche Plage*

„Über die Zahl der verlegten Minen gibt es nur Schätzungen. Nach Angaben der Vereinten Nationen sind derzeit ca. 110 Millionen Landminen in über 70 Ländern dieser Welt verlegt. Etwa die gleiche Anzahl von Minen soll sich noch in militärischen Depots befinden ... Die Folgen des Mineneinsatzes sind katastrophal. Ob beispielsweise auf einem Reisfeld zwei oder zehn Minen verlegt sind - für die Bevölkerung stellen sie ein erhebliches und lebensgefährliches Risiko dar. Hinzu kommt, dass verminte Ackerflächen für die Bewirtschaftung nicht mehr zur Verfügung stehen, denn die Gefahr, Opfer einer Mine zu werden, ist groß ...

Eine besondere Belastung sind Landminen für die ärmsten Länder der Erde. Hier fehlen die finanziellen Mittel, um aufwändige Minenräumprogramme zu finanzieren. Angesichts der Unmengen von Minen, die in einzelnen Teilen der Welt vergraben sind, stehen die betroffenen Länder vor einer fast unlösbaren Aufgabe. In Afghanistan wird die Zahl auf zehn Millionen, in Kambodscha auf 6 Millionen geschätzt. Während des Bürgerkrieges in Angola sollen zwischen neun bis 15 Millionen Minen vergraben worden sein.

Minen stellen heute eines der größten Entwicklungshemmnisse in ehemaligen Kriegsgebieten dar:

- Minen blockieren den lebenswichtigen Zugang zu Wasserstellen. Sie stellen eine ständige Gefahr für die Zivilbevölkerung dar;
- die Rückkehr von Flüchtlingen in ihre Heimat wird aufgrund der Verminung erschwert, damit auch der Wiederaufbau zerstörter Dörfer und Regionen behindert;
- landwirtschaftliche Flächen, die vermint wurden, stehen für die Bewirtschaftung nicht zur Verfügung, die Selbstversorgung der Bevölkerung ist beeinträchtigt.

http://www.tdh.de/content/themen/weitere/landminen/ueberblick.htm (22.10.2005)

M3 Ehemaliger Kontroll- und Beobachtungsturm des Bombenabwurfplatzes („Bombodrom“) in der Kyritz-Ruppiner Heide bei Wittstock in Brandenburg (Dez. 2002); seit 1993 von der Bundeswehr genutzt

„Der militärische Flächenverbrauch in den alten Bundesländern kann mit etwa 450 000 ha angegeben werden, was fast der doppelten Ausdehnung des Saarlandes (256 700 ha) entspricht ... In der damaligen DDR wurden 277 000 ha von der NVA (Nationale Volksarmee) und den Grenztruppen, 240 000 ha von den sowjetischen Streitkräften beansprucht. Insgesamt wurden damit in Deutschland ca. 970 000 ha ausschließlich militärisch genutzt, was etwa der Hälfte der Fläche von Rheinland-Pfalz entspricht.

Mit dem Ende der Ost-West-Konfrontation ... wurden tiefgreifende Abrüstungsprozesse in Gang gesetzt, die auch große Auswirkungen auf den militärischen Flächenverbrauch in Deutschland haben. Von den bis 1989 militärisch genutzten Flächen wurden bis Mitte der 90er-Jahre ... erhebliche Flächen ... geräumt und an die allgemeine Bundesvermögensverwaltung übergeben ... Bisher erfolgte Erfassungen und Bewertungen von Altlasten auf militärischen Liegenschaften ergaben Verunreinigungen des Bodens und des Grundwassers mit Mineralölprodukten als Hauptursache für die entstandenen Umweltschäden. Spreng- und Explosivstoffe sowie chemische Kampfstoffe und die Abbauprodukte dieser beiden Schadstoffgruppen sind quantitativ weniger vertreten. Sie stellen aber auf Grund der unmittelbaren Gesundheitsgefährdung durch ihre Brisanz, chemische Aggressivität und toxische Wirkung und ihrer möglichen Spätfolgen die gefährlichsten ‚Militärischen Altlasten‘ dar.“

Hermanns/Walcha (Hrsg.): Ökologische Altlasten in der kommunalen Praxis. Aufgaben der Kommunalpolitik, Band 11. Köln: Deutscher Gemeindeverlag, 1994

http://www.r-haas.de/V15.html

Auf ehemaligen Truppenübungsplätzen finden sich aber nicht nur Altlasten. Da diese Flächen häufig jahrzehntelang aus nahezu jeglicher wirtschaftlichen Nutzung herausgenommen waren, haben sich in diesen Rückzugsgebieten seltene Tier- und Pflanzenarten angesiedelt.

„Das Landschaftsbild des Truppenübungsplatzes Münsingen ist von hoher kulturhistorischer Bedeutung und spiegelt in Teilen sogar noch Nutzungsstrukturen des ausgehenden Mittelalters wider. Der Truppenübungsplatz Münsingen gehört zu den wenigen unzerschnittenen Räumen in Baden-Württemberg. Seine Besonderheit liegt in dem hohen Anteil an Offenland ... Die Wälder sind stellenweise reich an Totholz, Relikte historischer Hutewälder verteilen sich über den gesamten Platz.

Der Truppenübungsplatz Münsingen hat eine landesweite und bundesweite Bedeutung für den Vogelschutz. Flächig sind Vorkommen von Vogelarten über den Platz verteilt, die unter die Europäische Vogelschutzrichtlinie fallen: Neuntöter, Heidelerche, Rotmilan, Schwarz- und Grauspecht. Die bundesweit gefährdete Heuschreckenart Gebirgsgrashüpfer kommt im Gebiet der Schwäbischen Alb nur noch auf dem Truppenübungsplatz Münsingen vor.“

Auszug aus der Antwort der Landesregierung von Baden-Württemberg auf eine Anfrage der GRÜNEN. Drucksache 13/2299. 13. Wahlperiode 22.07.2003

Globale Perspektive

„Aufgrund der Weiterentwicklung der Waffensysteme und ihrer Mobilität brauchen personell vergleichbar große militärische Einheiten heute in der Regel ca. 20 mal so viel Bodenraum als zu Zeiten des Zweiten Weltkrieges. Schätzungen gehen von einem weltweiten Bodenverbrauch von bis zu 1 % der Landoberfläche (ca. 1,5 Mio. km²) aus ...

Weltweit bedeutsam sind insbesondere die Altlasten aus ABC-Waffenproduktion, Erprobung und Lagerung. Als ein Brennpunkt für chemische Waffen ist hier das Gebiet der ehemaligen DDR zu nennen.

Im Gegensatz dazu sind Böden dauerhaft – in menschlichen Maßstäben gemessen – geschädigt, die Zielgebiet für Atomwaffenerprobungen waren ... Neben den betroffenen Wüsten (z.B. Mohave-Wüste) entstand dabei ein fast als irreversibel zu bezeichnender Schaden auf einigen Inseln im Pazifik (Bikini Atoll, ...) und im Osten von Kasachstan.“

Wissenschaftlicher Beirat der Bundesregierung Globale Umweltveränderungen. Welt im Wandel. Die Gefährdung der Böden. Jahresgutachten 1994, S. 184

1. *Informieren Sie sich im Rahmen eines Referats mit entsprechender Internet-Recherche über die Hintergründe und den Ausgang des Prozesses vor dem Federal Court of Brooklyn.*
2. *Erarbeiten Sie aus den vorgestellten Fallbeispielen Ursachen und Folgen des hier angesprochenen Syndroms der Bodendegradation.*
3. *Stellen Sie anschaulich dar, inwieweit die Bundesrepublik Deutschland von diesem Syndrom betroffen ist.*

4.7 Bodenzerstörung durch Fehlplanung von Großprojekten: Das Beispiel Narmada

***M1* Staudammprojekte an der Narmada**

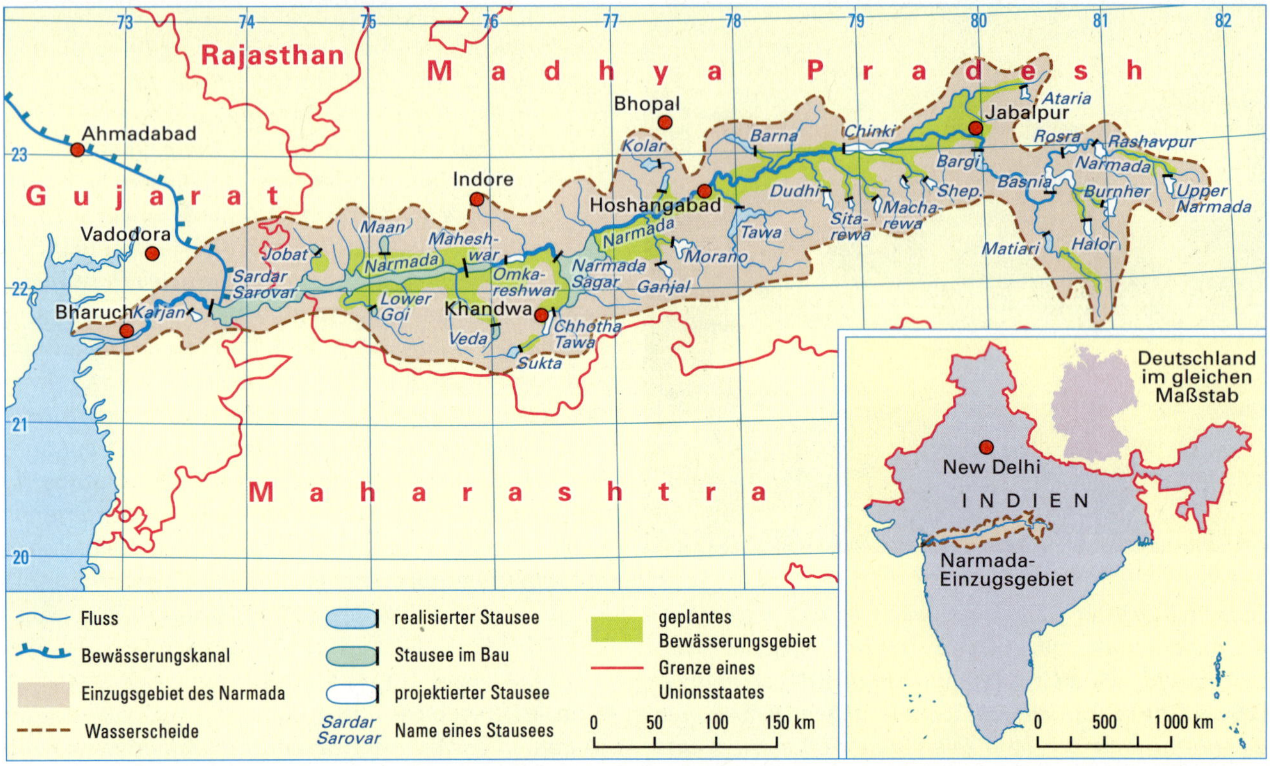

Das Projekt

Planung: wasserwirtschaftliche Nutzung der Narmada, einer der „heiligen Flüsse“ Indiens

- Aufbau eines Systems von 30 großen und vielen kleinen Staudämmen an der Narmada und ihren Zuflüssen
- darunter der Sardar Sarovar in Gujarat und der Narmada Sagar als Megadämme
- Ausbau eines Tausende von Kilometern umfassenden Bewässerungskanalsystems

Ziel: Industrialisierung und Ausbau der Exportlandwirtschaft

- Bewässerung der Trockengebiete von Gujarat, Teilen Maharashtras und Rajasthans
- Erzeugung von etwa 2 000 Megawatt Strom
- Versorgung von Millionen Menschen mit Trinkwasser
- Hochwasserschutz

Stand der Realisierung:

- Baubeginn in den 1970er-Jahren
- Baustopp an den Hauptdämmen Anfang der 1980er-Jahren nach massivem Widerstand der Betroffenen
- Weiterbau seit Urteil des Obersten Gerichts in Delhi im Oktober 2000

↓ *„Der Nutzen des Gesamtprojekts ist seit Baubeginn zweifelhaft und bleibt bis heute äußerst umstritten. Die Befürworter argumentieren, dass mit dem Narmada-Wasser genug Brachland landwirtschaftlich nutzbar gemacht werden könnte, um die Ernährungslage von 20 Mio. Menschen zu verbessern. Gleichzeitig soll die Versorgung mit Trinkwasser und Energie sichergestellt werden. Diese Annahmen beruhen allerdings auf Schätzungen, wonach die jährliche Abflussmenge der Narmada 34 Mrd. m³ Wasser betragen soll. Seit einigen Jahren liegen aber Ergebnisse langjähriger Messreihen vor, nach denen von einer etwa 20 % geringeren Wassermenge ausgegangen werden muss. Infolgedessen reduziert sich auch die für Bewässerungszwecke vorgesehene Wassermenge, und die Prognosen bezüglich der Energieerzeugung müssen nach unten korrigiert werden ... Kritiker weisen außerdem darauf hin, dass der überwiegende Teil des Narmada-Wassers bereits in den relativ wohlhabenden Distrikten Gujarats ... verbraucht werden wird. Diese Region zählt schon heute zu einer der wohlhabendsten Indiens. Auch sei in diesen Gebieten keine Ausweitung des Nahrungsmittelanbaus vorgesehen, sondern die Intensivierung bewässerungsintensiver Zuckerrohr-, Ölsaaten und Baumwollkulturen. Davon würden in erster Linie wohlhabende, überwiegend für den Export produzierende Großbauern profitieren.“*

Christoph Dittrich: Widerstand gegen das Narmada-Staudammprojekt in Indien. a. a. O., S. 11

M2 ***Narmada-Protestbewegung: Unterstützung durch prominente Persönlichkeiten Indiens (hier: Arundhati Roy)***

↓ *Arundhati Roy: geboren 1961; die christliche Mutter stammt aus Kerala, der hinduistische Vater aus Bengalen. Mit 16 verließ sie das Zuhause und studierte später an der Delhier Architektur-Schule. Nach ihrem Roman-Erfolg „Der Gott der kleinen Dinge" profilierte sie sich als Sozialaktivistin in der Narmada-Bewegung und als Gesellschaftskritikerin.*

„Big Dams started well, but have ended badly. There was a time when everybody loved them, everybody had them – the Communists, Capitalists, Christians, Muslims, Hindus, Buddhists. There was a time when Big Dams moved man to poetry. Not any longer ... Big Dams are obsolete. They're uncool. They're undemocratic ... They're brazen means of taking water, land and irrigation away from the poor and gifting it to the rich. Their reservoirs displace huge populations of people, leavin them homeless and destitute."

Arundhati Roy: The cost of living. London: Flamingo-Verlag 1999. S. 15–16

↓ *„Der Bargi-Damm bei Jabalpur wurde 1990 als erster Damm fertiggestellt. Er kostete zehnmal mehr als veranschlagt, und das von ihm überflutete Gebiet war dreimal so groß wie von den Ingenieuren vorausgesagt. Etwa 70 000 Menschen aus 101 Dörfern sollten umgesiedelt werden, doch als das Staubecken (ohne Vorwarnung) geflutet wurde, wurden 162 Dörfer überschwemmt. Einige der vom Staat gebauten Umsiedlungsdörfer wurden ebenfalls überschwemmt ... Landwirtschaftlich reiche und bewaldete Gebiete gingen verloren, 114 000 Menschen verloren ihre Heimat. Ein Programm für ihre Wiedereingliederung gab es nicht. Einige erhielten eine finanzielle dürftige Entschädigung, viele bekamen keinen Heller ...*
Der Bargi-Damm bewässert heute nur so viel Land, wie durch ihn überflutet wurde – und nur 5 Prozent der Fläche, die er laut seinen Planern bewässern sollte. Und selbst dieses Gebiet ist versumpft."

Arundhati Roy: Die Politik der Macht. München: Goldmann(btb) 2002. S. 57f

M3 ***Überflutetes Adivasi-Dorf Domkhedi in Maharashtra***

↓ *„Im von der Flutung betroffenen Gebiet des ‚Sardar Sarovar'-Dammes lebt der Stamm der Adivasi. ‚Adivasi' (Hindi = Ureinwohner) ist die verbreitetste Bezeichnung für die indigene Bevölkerung Indiens. Mit – laut Zensus von 1991 – knapp 68 Millionen Menschen stellen die Adivasi etwa 8 Prozent der indischen Bevölkerung dar. Bei der derzeitigen Höhe des ‚Sardar Sarovar'-Dammes von 110,64 Metern stehen faktisch 200 000 Adivasi vor dem Ruin. Durch den erhöhten Wasserstand wurden fruchtbarster Ackerboden und ertragreiche Waldgebiete vernichtet. Überflutet sind derzeit schon 37 000 Hektar kultivierter Boden allein in der Region Kutch. Aufgrund der in diesem Jahr geplanten Erhöhung des Dammes um weitere 10,36 Meter werden noch einmal 200 000 Menschen zusätzlich betroffen sein. Eine Nutzung der neu entstandenen, verstaatlichten Stauseen ist seitens der Regierung nur durch den Erwerb von Fischereirechten gestattet. Da die Adivasi dazu finanziell nicht in der Lage sind, wird ihnen so eine wichtige Lebensgrundlage geraubt. Zudem gibt es in den überfluteten Gebieten keine natürlichen Transportwege mehr."*

raumzeit. monatszeitung aus nürnberg-fürth-erlangen: Staudammprojekt in Indien, 30.05.2005
http://www.raumzeit-online.de/?mode=show_article&article=748&pub=116&cat=27

1. *Untersuchen Sie die natur- und wirtschaftsräumliche Situation im Projektgebiet und erläutern Sie dann Konzeption sowie Zielsetzung des Projektes.*
2. *Stellen Sie unter verschiedenen übergeordneten Gesichtspunkten Auswirkungen dieses Projektes klar strukturiert dar.*
3. *Informieren Sie sich im Rahmen einer Internet-Recherche über den Fortgang des Projektes sowie über den Widerstand der Betroffenen. Präsentieren Sie Ihre Ergebnisse in Form einer Wandzeitung, eines Referates, einer Dokumentation.*
4. *Vergleichen Sie die Problematik des hier vorgestellten Fallbeispieles mit entrechenden Großprojekten (z. B. Assuan Staudamm, Aralsee-Projekte).*

4.8 Übernutzung von Wäldern und anderen naturnahen Ökosystemen

***M 1* Holzeinschlag in Rondonia, Brasilien, 19. Juni 1975**

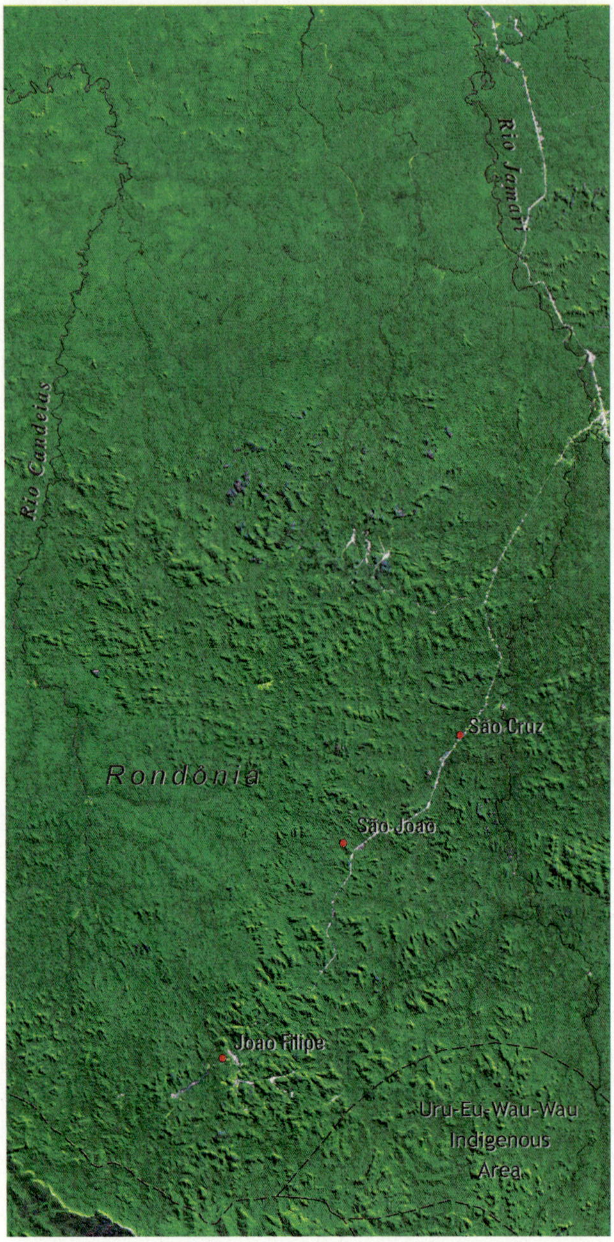

***M 2* Entwaldung, 19. September 2001**

„Das brasilianische Amazonasbecken wird zunehmend entwaldet. Bilder von Forschungssatelliten zeigen, dass im vergangenen Jahr eine größere Fläche gerodet wurde als je zuvor.

Rasante Entwaldung

Die Zahlen, die das brasilianische Raumforschungs-Zentrum Instituto Nacional de Pesquisas Espaciais jetzt bekannt gab, sind ernüchternd: Im Jahr 2001 wurden in Brasilien mehr als 18 000 Quadratkilometer Regenwald zerstört. Im Jahr 2002 waren es rund 25 000 – eine Fläche größer als das Bundesland Mecklenburg-Vorpommern.

‚Die Rate der Entwaldung sollte abnehmen aber das Gegenteil passiert', sagt Mario Monzoni vom INPE. Seit 2001 hat die Geschwindigkeit um rund 40 Prozent zugenommen.

Monokultur statt Urwald

Wie der Online-Dienst der britischen BBC berichtet, wird auf dem größten Teil der Rodungsfläche Soja angebaut. Die Kulturpflanze verschafft der brasilianischen Landwirtschaft und dem Export Auftrieb. Bestimmungen zum Schutz der Umwelt würden aber bislang auch unter der Regierung des Präsidenten da Silva nicht umgesetzt. Das Land verfüge zwar über ein Satelliten- und Radar-Überwachungssystem, um die Entwaldung zu untersuchen. Am Boden mangele es jedoch an einfachsten Hilfsmitteln – etwa Benzin für Boote und Autos – für den Umweltschutz. Illegale Rodungen werden erfasst, bleiben aber meist ungestraft."

http://www.netzeitung.de/wissenschaft/245065.html

M3 Ertragsabfälle in den Tropen bei ackerbaulicher Nutzung

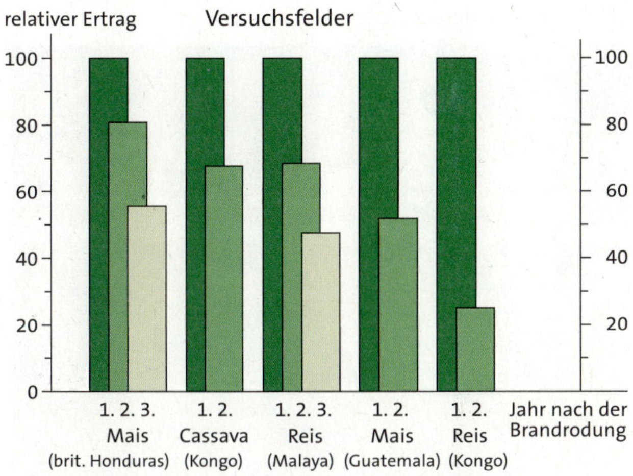

Nach Bernd Andreae: Landwirtschaftliche Betriebsformen in den Tropen. Hamburg, Berlin: Paul Parey 1972, S. 87

„Die Böden in den feuchtwarmen Tropen sind überwiegend ferralitisch (von lat. ferrum = Eisen und Aluminium). Die tropischen Roterden und Laterite (rötliche Böden mit starker Eisen- und Aluminiumoxid-Anreicherung und krustenartiger Verhärtung) enthalten nahezu keine verwitterbaren Silikate. Ihre weit überwiegenden Zweischichttonminerale (Kaolinite) haben eine geringe Austauschkapazität. Sie können Nährstoffe weniger gut festhalten, die deshalb rasch ausgeschwemmt werden, gleichgültig, ob natürlichen Ursprungs oder durch Düngung zugeführt. In den Flüssen sind diese Nährstoffe, z. B. nach Brandrodung, kurze Zeit später nachweisbar. Der C-Horizont (Ausgangsgestein) dieser sehr alten Böden liegt wegen der starken chemischen Verwitterung tief (meist 5 bis 20 m, vereinzelt bis 50 m), und so erreichen die Wurzeln der Pflanzen die dort enthaltenen Primärminerale nicht. Das Wurzelsystem ist extrem dicht, dreimal dichter als in unseren Wäldern, aber nur oberflächlich ausgebildet. Es nutzt den Boden fast ausschließlich, um sich daran festzuhalten. Außerdem ist die Bodenacidität hoch (pH-Wert 3,5 – 5), was die Aufnahme der Nährelemente durch die Wurzeln hemmt.
Wovon lebt dann der tropische Regenwald, wenn er seine Nährstoffe überwiegend nicht aus dem Boden nehmen kann und doch so viel Biomasse produziert? Und wie ist es zu erklären, dass die Flüsse im ungerodeten Urwaldgebiet praktisch keine Nährstoffe enthalten, der tropische Regenwald demnach keine Nährstoffe verliert? Die Lösung heißt ‚kurzgeschlossener Nährstoffkreislauf'."

Hans-Ulrich Bender u. a.: TERRA Erdkunde 11, Gymnasium Baden-Württemberg. Gotha und Stuttgart: Klett-Perthes 1995, S. 106

M4 Tropischer Regenwald: kurzgeschlossener Nährstoffkreislauf

„Wird nun der Wald geschlagen und gebrannt, so wird der im Naturzustand gegen Verlust abgesicherte Kreislauf an der entscheidenden Stelle aufgerissen. Die oberflächennahe Humussubstanz wird zum großen Teil direkt zerstört und die tiefer reichenden Mycorrhizae sterben bald ab. Mit den verbrannten Humusstoffen verliert der Boden den an der Oberfläche konzentrierten und durch den in den Tropen sehr rasch ablaufenden Abbau organischer Stoffe sehr bald auch den etwas tiefer lokalisierten entscheidenden Teil seiner Austauschkapazität. Mit den Mycorrhizae werden die Nährstoff-Fallen beseitigt, die Mineralabfuhr über die Erosion kann verstärkt einsetzen. Des Weiteren erlaubt die Kurzlebigkeit der eingebrachten Kulturgewächse keinen Neuaufbau der Pilzwurzelflora, welche den Nährstoffverlust wenigstens bald wieder Einhalt gebieten könnte. Wahrscheinlich ist gegenüber der Verarmung des Systems auf dem Wege der Auswaschung die zusätzliche durch Ernteentnahme sogar als verhältnismäßig klein anzusehen."

Wolfgang Weischet: Die ökologische Benachteiligung der Tropen. Stuttgart: B.G. Teubner 1977, S. 24

1. *Stellen Sie die Bedeutung der tropischen Regenwälder für den globalen Kohlenstoffkreislauf und das Klima der Erde dar.*
2. *Ermitteln Sie Ursachen und Verursacher der Übernutzung und Bodenschädigung.*
3. *Wiederholen Sie den „kurzgeschlossenen Nährstoffkreislauf" im tropischen Regenwald und beurteilen Sie insgesamt die Fruchtbarkeit tropischer Böden (hierzu: Kapitel 2.2, S. 7 – 8).*
4. *Erläutern Sie nun zusammenfassend – unter besonderer Berücksichtigung der Böden – die ökologischen Auswirkungen der Übernutzung tropischer Wälder.*

4.9 Wandel in der traditionellen Nutzung fruchtbarer Böden

M1 Delta des Huang-He im Jahre 1979 ...

M2 ... und im Jahre 2000

↓ *„San Francisco/London/Nairobi, 3 June 2005 – The dramatic and, in some cases, damaging environmental changes sweeping planet Earth are brought into sharp focus in a new atlas launched to mark World Environment Day (WED).*
Produced by the United Nations Environment Programme (UNEP), ‚One Planet Many People: Atlas of our Changing Environment' compares and contrasts spectacular satellite images of the past few decades with contemporary ones, some of which have never been seen before.
The huge growth of greenhouses in Southern Spain, the rapid rise of shrimp farming in Asia and Latin America and the emergence of a giant, shadow puppet-shaped peninsula at the mouth of the Yellow River are among a string of curious and surprising changes seen from space ...
The Huang He or Yellow River is the world's muddiest. It brings huge amounts of sediments, mainly mica, quartz and feldspar, from areas such as the plateaus of North-Central China. A quite remarkable change in the mouth of the river is now seen from space when compared with an image from May 1979. Here a giant animal-like head has formed, stretching out into the Bohai Sea, as a result of sedimentation from the interior."

http://www.unep.org/ → One Planet Many People

↓ *„Der Huang-He, der Gelbe Fluss, wird als Segen und Fluch Chinas bezeichnet. Bevor er die Große Ebene erreicht, fließt er in einer weiten Schleife durch das Lössbergland. Da der Lössboden gut zu bearbeiten ist und hohe Erträge liefert, entstand hier einer der frühesten Kulturräume Chinas. Die ursprünglich als Weideland genutzten Flächen wurden aufgrund der schnell ansteigenden Bevölkerungszahl in Ackerland umgewandelt. Schließlich legten die Bauern selbst an steilen Hängen Ackerterrassen an. Doch der Löss ist sehr locker. Fehlt die Vegetation, so kann er von Wasser und Wind leicht abgetragen werden. Bodenerosion ist die Folge. Milliarden Tonnen Löss werden jährlich abgeschwemmt und gelangen in den Huang-He. Sie verleihen ihm seine gelbe Farbe und machen ihn zum schlammreichsten Fluss der Erde."*

TERRA-Alexander Datenbank 2003

↓ *„Auch bei der noch nicht so hohen Bevölkerungsdichte (des Lössberglandes) in den vorigen Jahrhunderten waren die Landschaftsschäden schon riesig, was immer wieder Ernteausfälle zur Folge hatte. Trotzdem sollte auch diese Region unter Mao im Zeichen der Regionalautarkie ihre ständig wachsende Bevölkerung mit Grundnahrungsmitteln selbst versorgen. Man glaubte, dass die Volkskommunen die notwendigen Sicherungsaufgaben in diesem ökologisch so problematischen Raum durch ihre Gemeinschaftsarbeit leisten könnten ...*
Seit der Kulturrevolution (ab Mitte der 1960er-Jahre) versuchten die Volkskommunen, die für die Ernährung notwendigen Getreidemengen im Lössbergland zu erzeugen. Für den Ackerbau wurden immer weitere Neulandflächen erschlossen. Trotz Warnungen von ökologischer Seite wurde auch vor den von Erosion bedrohten Gebieten nicht haltgemacht."

Heinz Weber: Fundamente Kursthemen. Der asiatisch-pazifische Raum. Gotha und Stuttgart: Klett-Perthes 1998, S. 81–82

M 3 Erosionsschäden im Lössbergland

M 4 China: Entwicklung von Bevölkerung und Getreideproduktion

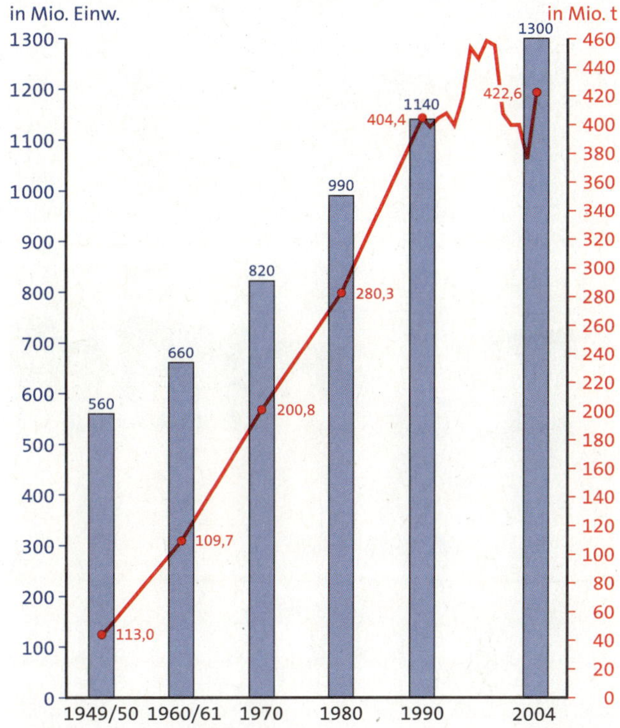

Nach Fischer Weltalmanach 2006 (CD-ROM)

„Von einer Ackerfläche, die nur 7 % jener der ganzen Welt ausmacht, leben 20 % der Weltbevölkerung ... Die Nutzfläche allein sagt (dabei) noch wenig über die mögliche Ernte aus. Anders als in Mitteleuropa sind die Ernteflächen immer wieder von Dürren und Überschwemmungen bedroht. Dürren wirken sich großflächig aus, Überschwemmungen bedrohen vor allem Gebiete entlang des Jangtsekiang (Chiang Jiang) und des Gelben Flusses (Huang He). Zudem verändert sich die landwirtschaftliche Nutzfläche. Verstädterung und Industrialisierung führen insbesondere im Osten des Landes zu einem wachsenden Flächenbedarf. Der Verlust an Agrarland in dessen Kernraum ist im Umkreis der Ballungsgebiete deutlich erkennbar. Damit geht fruchtbares Land in den Gebieten verloren, in denen die meisten Menschen wohnen. Dagegen wird das Ackerland in Ungunstgebieten ausgeweitet, an Hängen und in wenig fruchtbaren Berggebieten ...
Hilfreich für den Ertrag erweist sich der Umstand, dass im zentralen China und besonders im Süden wegen der Klimagunst mehrere Ernten möglich sind ...
Die entscheidende Leistung der chinesischen Landwirtschaft liegt nun darin, dass heute das erste Mal seit über einem Jahrhundert die Ernährung der Gesamtbevölkerung sichergestellt ist. Dies gelang seit der Wirtschaftsreform ab etwa 1980 ... Die gesamte Agrarproduktion hat mit dem Einsetzen dieser Wirtschaftsreform einen gewaltigen Aufschwung genommen."

Artur Behr: „Die Chinesen ernähren sich selbst". Chinas Landwirtschaft im Umbruch. In: Praxis Geographie 35, 2005, H. 1, S. 14

„Die traditionellen Methoden der Landwirtschaft basierten auf einem hohen Personalaufwand. Arbeitsintensive, kleinräumige Pflegemaßnahmen, wie z. B. die Erhaltung terrassierter Hänge oder Maßnahmen gegen Winderosion (Hecken, dauerhaft geschlossene Vegetation durch geeignete Fruchtfolgen etc.) werden bei veränderten wirtschaftlichen Rahmenbedingungen zunehmend unrentabel. Sobald die Schutz- und Erhaltungsmaßnahmen vernachlässigt werden, verstärkt sich die Bodenerosion ...
Die genannten Ursachen der Bodendegradation können letztendlich zu einem ‚Teufelskreis' führen: Die Vernachlässigung des Ressourcenschutzes führt zur Landdegradation (vor allem Erosion), was über Ertragseinbußen die Marginalisierung und Verarmung der Landbevölkerung ... verstärkt. Durch die Marginalisierung kommt es zu unangepasster Nutzung, wenn die Landnutzer gezwungen sind, die traditionelle, nachhaltige Nutzung aufzugeben."

Wissenschaftlicher Beirat der Bundesregierung Globale Umweltveränderungen: Welt im Wandel. Die Gefährdung der Böden. Jahresgutachten 1994, S. 155–157

1. *Lokalisieren Sie die in M 1/M 2 dargestellte Situation mithilfe entsprechender Atlaskarten, und untersuchen Sie die natur- sowie wirtschaftsräumliche Situation im Untersuchungsgebiet.*
2. *Bewerten Sie die Aussagen über die Erfolge der chinesischen Landwirtschaft vor dem Hintergrund der vorgestellten Umweltprobleme.*
3. *Erklären Sie den im (letzten) Quellentext angesprochenen „Teufelskreis" anhand einer selbst entworfenen Grafik.*
4. *Erläutern Sie nun zusammenfassend die Ursachen des in M 2 erkennbaren Prozesses.*

4.10 Bodenzerstörung durch Überbeanspruchung marginaler Standorte

M1 Überweidung im Senegal

↓ *„Der heiße, staubige Wind macht müde. Brennende Augen, Nasenbluten, Reizhusten sind ständige Begleiter. Und der Durst lässt sich nicht löschen. In der Trockenzeit werden die Menschen mutlos, gleichgültig. Das Dorf Aynoumadi liegt im äußersten Osten Senegals ... Zwischen Mai und Juni soll die Regenzeit einsetzen und das ausgetrocknete Land wieder kultivierbar machen. Wasser ist ein Gottesgeschenk. Aber Gottes Willen und die Regenzeit sind unberechenbar. Manchmal kommt der Regen erst spät im Jahr. Manchmal fällt er viel zu dürftig. Dann wieder rauscht er sturzbachartig auf das ausgetrocknete Land und schwemmt den kargen Ackerboden fort ...*
So auch in Aynoumadi, das einen gewissen Wohlstand vorzeigen kann. Am Dorfrand steht die weit und breit größte Moschee. Etliche Wohnhäuser sind gemauert und haben einen modernen rechteckigen Grundriss. Ein sicheres Zeichen dafür, dass in Aynoumadi viele Rückkehrer aus Frankreich leben. Ehemalige Arbeitsemigranten, die ein halbes Leben an den Fließbändern von Renault standen und nun eine dürftige Rente erhalten ... Aber Geld allein kann nicht retten, was der ewige Wind, die gnadenlose Hitze und der unberechenbare Regen weggerissen haben. Es gibt in Aynoumadi kaum noch Boden, der für den Feldbau ausreichen würde. Die Erosion hat zusammengebackenen, eisenhaltigen Laterit hinterlassen, durchzogen von ausgewaschenen Rinnen und Mulden. Tote Felder."

Deutsche Welthungerhilfe: Vom Winde verweht – vom Wasser fortgetragen. Bonn 2002. Kap. 11: Bodenerosion in Ost-Senegal, S. 1–2

↓ *„Der Landstreifen (am südlichen Rand der Sahara) vom Atlantik bis zum Roten Meer, von Mali und Niger bis Sudan und Eritrea, ist ökologisch äußerst problematisch: Niederschläge sind gering – zwischen 200 und 600 Millimetern – und schwanken stark, es gibt lange Dürreperioden, die Sonneneinstrahlung ist intensiv. Die Vegetationsdecke ist dünn, die Böden sind ... anfällig für Erosion. Ökozonen wie diese, also Savannen und Steppen, machen etwa ein Viertel der Landoberfläche der Erde aus. Und gerade viele der ärmsten Länder liegen in diesen Trockenzonen.*
Trotz begrenzter Ressourcen und empfindlicher Ökologie sind auch diese Gebiete nutzbar. Die traditionelle Viehhaltung der Nomaden gilt als Inbegriff für einen schonenden Umgang mit Wasser, Boden und Weidegebieten. Wanderungen, Herdengröße und Herdenzusammensetzung richten sich nach der Ergiebigkeit der Weidegründe, durch Nutzungsregelungen wird der Vegetation Zeit gegeben sich zu regenerieren.
Auch die traditionelle Landwirtschaft der Savannenbauern, meist Wanderhackbau, erlaubt Pflanzen und Boden sich zu erholen. Angebaut werden Sorten, die mit geringen Niederschlagsmengen auskommen und auch auf kargen Böden gedeihen. Ertragssicherung durch Risikominderung ist das wichtigste Ziel, nicht hohe Erträge.
Dass heute diese Gebiete durch Überweidung, intensiven Ackerbau, Brennholzbedarf und das Abbrennen von Grasland aus dem Gleichgewicht geraten sind, dass die Vegetation und damit die biologische Vielfalt fast völlig vernichtet wurde, dass die Böden durch Wind und Wasser ausgelaugt, große Gebiete durch tiefe Erosionsgräben zerfurcht sind und der Grundwasserspiegel sinkt und durch diese ‚Desertifikation' die Trockenflecken auf der Haut der Erde immer größer werden, hat viele Ursachen ...
Die Anfänge reichen zurück bis in die Kolonialzeit.
- *Die besseren Böden, insbesondere entlang der Flüsse, wurden für den Anbau von ‚Cash Crops' für den Export wie Erdnüsse oder Baumwolle genutzt oder für Großfarmen kommerzieller Viehzüchter eingezäunt. Dadurch wird das Weideland für die Nomaden eingeschränkt, der Zugang zum Wasser verbaut. Das verbliebene Weideland wird übermäßig belastet ...*
- *Durch Kaffee-, Kakao- oder Teeplantagen auf den besten Böden und durch Bevölkerungswachstum werden immer mehr Kleinbauern gezwungen, auf marginale Standorte, die (eigentlich) nur forst- oder weidewirtschaftlich nutzbar sind, auszuweichen und die Böden intensiver zu nutzen, als ihnen gut tut. Brachezeiten werden nicht eingehalten, für ausgleichende Schutzmaßnahmen zur Erhaltung der Bodenqualität fehlen ihnen Arbeitskraft und finanzielle Mittel – eine Wechselwirkung aus Armut und Zerstörung, bei der sie Täter und Opfer zugleich sind.*

M 2 ***Desertifikation: Wirkungsgeflecht***

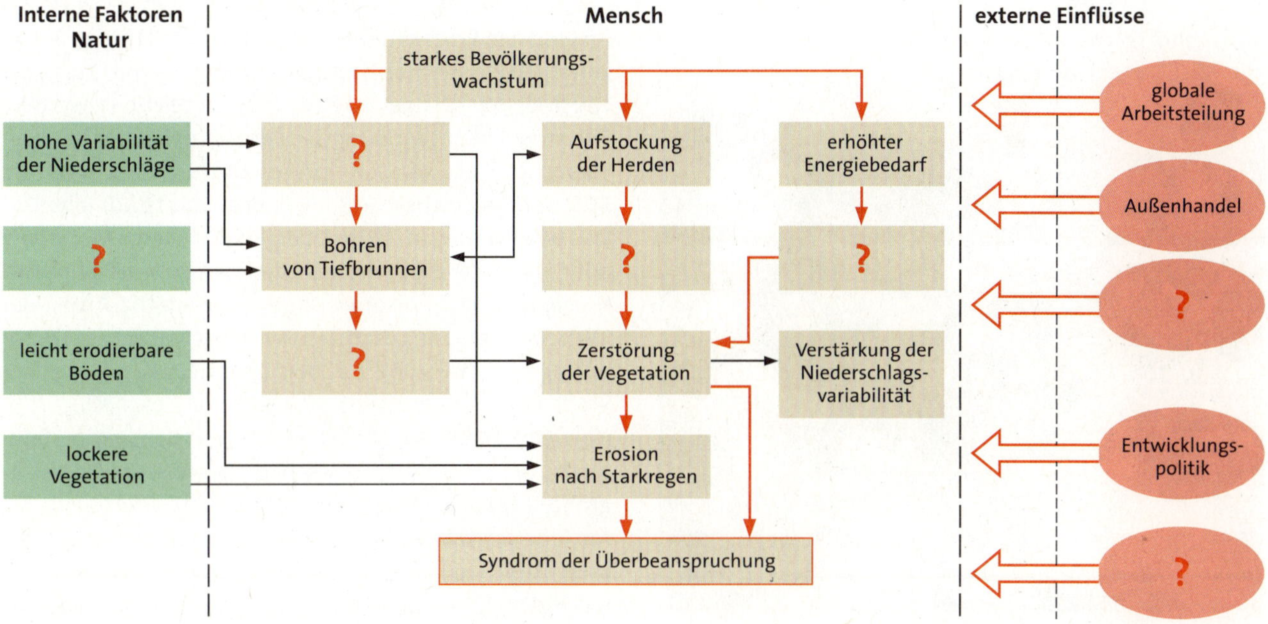

– Die Landnutzungsrechte der Kleinbauern sind vielfach ungeklärt, folglich investieren sie nicht in langfristige Bodenschutzmaßnahmen.

– Auch entwicklungspolitische Programme haben erheblich zur Schädigung des Ökosystems beigetragen. Der Pflug zum Beispiel, der auf Empfehlung der Experten anstelle des traditionellen Hackstabs eingeführt wurde, bringt zwar kurzfristig höhere Erträge, verstärkt aber auch die Erosion. Tiefbrunnen und Ansiedlungsprogramme für die Nomaden führten zu einer Konzentration des Viehbestandes, die Vegetation wurde zunehmend vernichtet. Bewässerungsprojekte auf ungeeigneten Böden führten zur Versalzung.

– Nahrungsmittelhilfe und subventionierte Getreidelieferungen können Ernährungsgewohnheiten ändern und die einheimischen Erzeugerpreise drücken und damit den Anbau von angepassten Nahrungspflanzen wie Yams, Hirse oder Sorghum verdrängen. Billigfleisch aus Europa drängt die Viehhirten aus dem Geschäft.

So beschleunigt sich die Dynamik von Verelendung und Zerstörung. Experten sind sich denn auch einig, dass die ‚Desertifikation' nur ein Symptom für schwerwiegende Entwicklungsfehler ist."

Deutsche Welthungerhilfe: Vom Winde verweht – vom Wasser fortgetragen. a. a. O. Kap. 4: „Krankheitsbilder", S. 1–2

↓ *Desertifikation auch in Europa*

„Spanien versteppt: Flussläufe sind ausgetrocknet, Stauseen halb leer und Brunnen versiegt. Wälder stehen in Flammen, die Äcker bestehen nur noch aus Staub und Sand. Es scheint fast, als ob die Sahara nach Europa gekommen ist ... Die Iberische Halbinsel erlebt eine schleichende Umweltkatastrophe. In Spanien sind über 30 Prozent des Staatsgebiets nach UN-Angaben von der Wüstenbildung bedroht. In diesen Gegenden ist der fruchtbare Mutterboden abgetragen. Und sobald die Versteppung und Erosion der Böden einmal in Gang gekommen sind, beginnt ein Teufelskreis, aus dem es kaum ein Entrinnen gibt. Da hilft später auch der Regen nicht mehr. Im Gegenteil: Der Regen schwemmt die letzten verbliebenen Nährstoffe fort."

Hubert Kahl: Wüsten auf dem Vormarsch. Stern/DPA 28.08.2005. http://www.stern.de/wissenschaft/natur/:Klima-W%FCsten-Vormarsch/544837.html

1 *Beschreiben Sie zunächst Erscheinungsformen der Desertifikation (M 1 und Quellentext 1).*

2 *Untersuchen Sie – ausgehend von den Angaben im Quellentext 2 (S. 36/37) – die klimatische Situation in den Trockenzonen der „Savannen und Steppen" (Atlasarbeit).*

3 *Stellen Sie zusammenfassend für den Südrand der Sahara die naturräumlichen Rahmenbedingungen und die auslösenden anthropogenen Faktoren der Desertifikation dar.*

4 *Vervollständigen Sie das Wirkungsgeflecht M 2.*

5 *Definieren Sie den Begriff „Desertifikation" und stellen Sie weltweit weitere betroffene Gebiete fest (www.klett.de → Klett-Infothek → Suchbegriff „Desertifikation" → Infoblatt „Desertifikation" mit Weltkarte)*

6 *Ermitteln Sie Ursachen der Desertifikation in Spanien.*

4.11 Bodenzerstörung durch ungeregelte Urbanisierung

M1 *Lagos: Leben und spielen im Müll*

„Das ‚Venedig Afrikas' wurde Lagos in den 70er-Jahren genannt. Heute ist der 15-Millionen-Moloch die mit Abstand dreckigste afrikanische Metropole. Abgase, Wasserverschmutzung und Müllberge machen das Leben zur Hölle.
‚Eigentlich sollte man Städte wie Lagos nicht Mega-, sondern Albtraumstädte nennen', sagt ein berühmter Architekt der Stadt. Fäkalien der Metropole werden ungeklärt ins Wasser geleitet. Keine zehn Meter weiter werfen Fischer ihre Netze aus – und sind froh darüber. ‚Die Fische kommen her, um die Fäkalien zu fressen. Und wir fangen dann die Fische'. Wo 70% der Bevölkerung von einem Dollar am Tag überleben müssen, wird Umwelt- und Gesundheitsschutz schnell zum Luxusproblem.
Angesichts des ständigen Lärms, der Müllberge und der bei jedem Regenguss überfließenden Gullis verwundert es nicht, dass die Nerven der Lagosians blank liegen. Von ‚afrikanischer Gelassenheit' keine Spur. Umweltmediziner berichten von immer mehr Kranken, die Symptome von ‚social pollution' aufweisen – einer durch Stress und Überbevölkerung verursachten Krankheit ...
Besserung ist in der 15 Millionen Metropole nicht in Sicht: Tag für Tag strömen 10000 Menschen aus den ländlichen Gebieten nach Lagos. Dieser unkontrollierte Zuwachs überfordert die Stadt. Im Jahr 2015 wird Lagos geschätzte 25 Millionen Einwohner haben. Städteplaner argumentieren deshalb, dass Bevölkerungsdruck heute der größte Verursacher von Umweltverschmutzung und explodierender Kriminalität ist."

Deutsche Welle Serie: Verschmutzung von Megastädten. Lagos: Wenn Umweltschutz zum Luxusproblem wird. 25.05.2005. http://www.dw-world.de/dw/article/0,2144,00.html

Im globalen Prozess der Verstädterung sind riesige Bevölkerungsballungen entstanden, die heute mit Begriffen wie Megastadt oder Megalopolis bezeichnet werden. Besonders in Entwicklungsländern ist dabei der Konzentrationsprozess so weit fortgeschritten, dass oft über 25% der Gesamtbevölkerung in der Hauptstadt leben.
Das bevölkerungsmäßige Übergewicht dieser Metropole oder „primate city" wird als „demographische primacy" bezeichnet. Ihr Indikator ist der prozentuale Anteil der Metropole an der gesamten Landesbevölkerung. Dieser betrug im Jahre 2000 z.B. bei Lagos 10,6%, bei Mexiko-Stadt 17,1% und bei Lima 27,7% (Berlin: ca. 4%).
Ein weiterer gebräuchlicher Indikator ist der „Index of primacy", der als Quotient zwischen der größten und zweitgrößten Stadt eines Landes definiert ist. Werte von 3,6 für Teheran, von 5,2 für Mexiko-Stadt oder 9,8 für Lagos unterstreichen die dominante Rolle dieser Metropolen. Der Index 1,9 für Berlin zeigt, dass Deutschland im Vergleich zu den genannten Ländern ein ausgewogeneres Städtesystem aufweist.

Mit der Bevölkerungszahl allein und ihrem Zuwachs lässt sich das Problem der Metropolisierung jedoch nur unzureichend erfassen. Viel aussagekräftiger ist im Hinblick auf die Entwicklungsperspektiven eines Landes die „funktionale primacy". Darunter versteht man die hohe Konzentration von politisch-administrativen, wirtschaftlichen, sozialen sowie kulturell-wissenschaftlichen Funktionen und insbesondere auch von Macht- bzw. Entscheidungsträgern in der jeweiligen Metropole. Durch deren überproportionale Ausstattung mit Einrichtungen der Infrastruktur (z.B. Ausbildungsplätzen, Krankenhausbetten, Kommunikationssystemen usw.) und Arbeitsplätzen im sekundären sowie tertiären Sektor nimmt in einem Prozess der Selbstverstärkung das Wohlstandsgefälle zu den übrigen Regionen des Landes ständig zu. Aber auch innerhalb der Metropole wächst die Kluft zwischen Arm und Reich.

„Von wesentlicher Bedeutung (bei diesem Krankheitsbild) ist, dass das Umland dieser Städte und die gesamte Nation durch eine monozentrische Siedlungsstruktur geprägt sind; ein polyzentrisches Gefüge mit Städten dezentraler Ordnung und entsprechenden ‚Pufferfunktionen' entwickelt sich nicht. Das rasche Anwachsen der großen Agglomerationen führt zu erheblichen Belastungen und auch zu Überlastungen städtischer Ver- und Entsorgungsstrukturen, die letzten Endes neue internationale Migrationsschübe auslösen und so das Phänomen zu einem Syndrom globaler Tragweite machen."

Wissenschaftlicher Beirat der Bundesregierung Globale Umweltveränderungen: Welt im Wandel. Die Gefährdung der Böden. Jahresgutachten 1994, S.174

M2 ***Motive der Land-Stadt-Wanderung***

Nachteilige Strukturmerkmale des ländlichen Raums (Push-Faktoren)	Persönliche Motive und Kommunikationsmedien	Attraktive Strukturmerkmale des städtischen Raums (Pull-Faktoren)
- niedriger Lebensstandard - unzureichende Ernährungslage infolge Landknappheit - Arbeitslosigkeit - Unterdrückung durch Grundbesitzer - Ausbeutung durch Zwischenhändler - mangelnde Versorgung mit öffentlichen Dienstleistungen (Schule, Krankenhaus etc.) - geringe Teilnahmemöglichkeit an Gütern und Dienstleistungen des Staates - erstarrte Sozialstrukturen - mangelnde Innovationsbereitschaft - Ernterisiko durch Witterungseinflüsse / Bodenzerstörung	- Glaube an eine Verbesserung der Situation („schlechter kann es nicht werden") - außengeleitetes Verhalten / Mode („wie der Freund / Bruder") - Radio / Fernsehen / Presse - Berichte von Besuchern aus der Stadt - Saisonarbeit in der Stadt, z.B. auf Baustellen	- Arbeitsmöglichkeiten - höherer Verdienst - Aufstiegschancen - größere persönliche Freiheit - größere Auswahl an öffentlichen Infrastruktureinrichtungen (Schule, Krankenhaus etc.) - größere Teilnahmemöglichkeit an Gütern und Dienstleistungen des Staates - abwechslungsreicherer Lebensalltag

↓ *Das Krankheitsbild*

Da das Bevölkerungswachstum und die Expansion der Metropolen und Megastädte mit außerordentlicher Geschwindigkeit und extensiver Flächeninanspruchnahme ablaufen, sind gravierende Überlastungs- und Umweltprobleme eine fast unausweichliche Folge. Zu den größten ökologischen Problemen gehören hohe Luft- und Wasserverschmutzung, fast ungeregelte Abfall- und Abwasserentsorgung sowie Degradierung und Kontamination städtischer Böden:

„Das ‚Krankheitsbild' der fundamentalen Störung der ökologischen Funktionsfähigkeit ist durch das Zusammenwirken verschiedener Faktoren gekennzeichnet. Es treten durch intensive Flächennutzung hohe Belastungen der Böden auf. Verursacht werden diese durch den direkten Schadstoffeintrag aus der Atmosphäre, Abfallakkumulation und Flächenversiegelung. Indirekt werden die Böden durch die Schädigung der Vegetation belastet, welche wiederum Folge menschlicher Eingriffe ist. Hierzu zählen auch Änderungen des lokalen Klimas, die durch den hohen Versiegelungsgrad und Energieverbrauch verursacht werden. Die Beeinträchtigung des Wasserhaushalts aufgrund ungeregelter Entsorgung und hohen Wasserverbrauchs belastet die Böden direkt, aber auch indirekt über die Schädigung der Vegetationsdecke. Die skizzierten Prozesse sind eng miteinander verwoben und bewirken so eine Instabilität des Ökosystems in den betroffenen Gebieten."

Wissenschaftlicher Beirat der Bundesregierung Globale Umweltveränderungen. a. a. O., S. 174

M3 ***Megastädte der Welt – von 2000 bis 2015, in Mio.***

2000 Stadt	2000 Bevölkerung	2015 Stadt	2015 Bevölkerung
Tokyo	26,4	Tokyo	26,4
Mexico City	18,1	Bombay	26,1
Bombay	18,1	Lagos	23,2
Saô Paolo	17,8	Dhaka	21,1
New York	16,6	Saô Paolo	20,4
Lagos	13,4	Karachi	19,2
Los Angeles	13,1	Mexico City	19,2
Kalkutta	12,9	New York	17,4
Shanghai	12,9	Jakarta	17,3
Buenos Aires	12,9	Kalkutta	17,3
Dhaka	12,3	Delhi	16,8
Karachi	11,8	Metro Manilas	14,8
Delhi	11,7	Shanghai	14,6
Jakarta	11,0	Los Angeles	14,1
Osaka	11,0	Buenos Aires	14,1
Metro Manila	10,9	Kairo	13,8
Beijing	10,8	Istanbul	12,5
Rio de Janeiro	10,6	Beijing	12,3
Kairo	10,6	Rio de Janeiro	11,9
		Osaka	11,0
		Tianjin	10,7
		Hyderabad	10,5
		Bangkok	10,1

Nach Ingomar Hauchler v. a. (Hrsg.): Globale Trends 2002. Frankfurt: Fischer Taschenbuch Verlag 2001, S. 104

1 *Erarbeiten Sie aus den Materialien S. 38 Merkmale der „ungeregelten Urbanisierung".*

2 *Erläutern Sie Ursachen und Folgeprobleme der Metropolisierung bzw. Megapolisierung.*

3 *Stellen Sie nun für das hier vorliegende Syndrom wesentliche Faktoren der Bodendegradierung durch „ungeregelte Urbanisierung" zusammen.*

4.12 Bodenzerstörung durch Zersiedelung und Ausweitung der Infrastruktur

M1 Silicon Valley

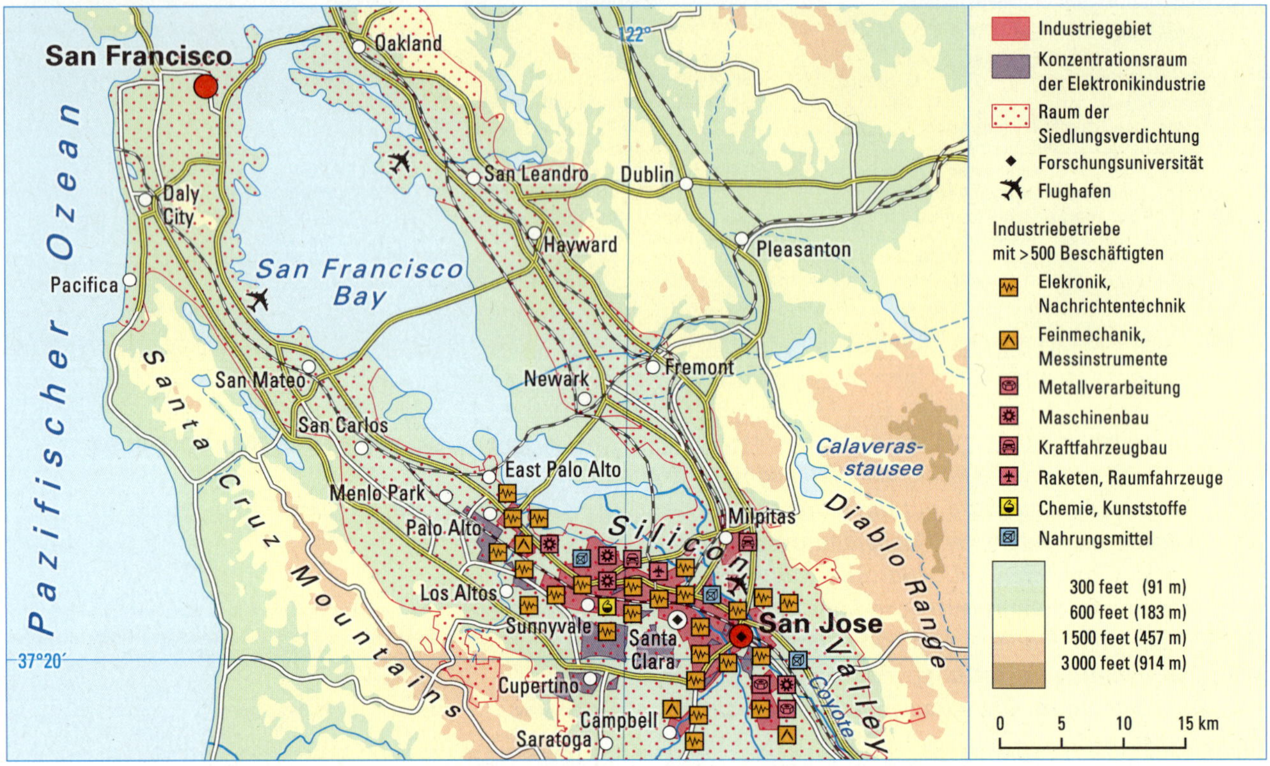

↓ *„Das Tal von Santa Clara, nicht weit von San Francisco, war einst berühmt für seine Aprikosen, Pflaumen und andere Früchte. Inzwischen sind die Obstgärten verdrängt durch Fabriken, Häuser, Schnellstraßen – und das Tal ist heute als ‚Silicon Valley‘ bekannt.*

Die Stadtbevölkerung wächst schneller als die Weltbevölkerung insgesamt, und besonders wächst sie in den Städten des Südens ... Und überall wird durch das Wachstum von Beton und Asphalt der Natur der Boden entzogen.

Zum Beispiel Java: Die dichtbevölkerte Insel ist die ‚Reisschale‘ für 200 Millionen Indonesier. Doch (in den 1990er-Jahren) fielen dem Wachstum von Städten und Industrie (in einem einzigen Jahr) 20 000 Hektar Ackerfläche zum Opfer. Die Umwandlung von Reisland in Bauland verstärkt den Landdruck, den die Regierung durch große Umsiedlungsprogramme wie ‚Transmigrasi‘ zu lindern sucht: Regenwälder auf Sumatra müssen Neusiedlern weichen.

Zum Beispiel China: Nach offiziellen Daten sind (Anfang der 1990er-Jahre) für die Ausdehnung von Großstädten, mittleren Städten und Dörfern 932 000 Hektar Land verloren gegangen, 0,7 Prozent der Anbaufläche.

Die Auswirkungen des Wachstums von Städten und Industrien sind weitaus folgenreicher, als es die einfachen Zahlen erscheinen lassen. Viele Städte sind in besonders fruchtbaren Gebieten, die intensiv genutzt werden, entstanden. So hat Mexiko-City im Laufe seines Wachstums auf knapp 400 000 Hektar die kunstvollen Bewässerungssysteme aus aztekischer Zeit, die drei Ernten im Jahr ermöglichten, verschlungen; für Bauern vor Bangkoks Toren ist es profitabler, Reisfelder an Bodenspekulanten und Wohnungsbauunternehmen zu verkaufen, Ägyptens ‚Fruchtland‘, der schmale Streifen landwirtschaftlicher Nutzfläche im Niltal, wird zugebaut oder für die Ziegelherstellung abgetragen.

Die Ausdehnung der Städte ist dabei weniger den Slums zuzuschreiben, sondern der ‚low density development‘ – Vorstädte und Industrieparks, Erholungsgebiete und Einkaufszentren. Die Stadtentwicklung im Süden folgt der Entwicklung der Städte im Norden: Der Drang einer wachsenden Mittelschicht zum Eigenheim im Grünen, ihr größerer Wohnflächenbedarf und großzügigere Infrastruktur verbrauchen pro Kopf weitaus mehr Land als die Bretterhüttensiedlungen mit ihrer extrem hohen Bevölkerungsdichte.

Mit dem Wachstum der Städte driften auch Wohngebiete, Einkaufsmöglichkeiten und Arbeitsplätze auseinander, das Straßennetz muss der Ausdehnung der Städte hinterherwachsen, Straßen, Parkplätze und Highways begraben weiteres Land unter sich. Und auch in diesem Fall ‚konsumieren‘ die Wohlhabenden, die sich ein Auto leisten können, weitaus mehr Land als die Armen.“

Deutsche Welthungerhilfe: Vom Winde verweht – vom Wasser fortgetragen. Bonn 2002. Kap. 4: „Krankheitsbilder“ – Vorgärten statt Obstgärten, Highways statt Reisfelder, S. 1

Bodennutzung und Flächenentwicklung in Deutschland

***M2* Gewerbe- und Wohngebietserweiterungen in Deutschland**

***M3* Bodenfläche nach Nutzungsarten 2004 in Deutschland**

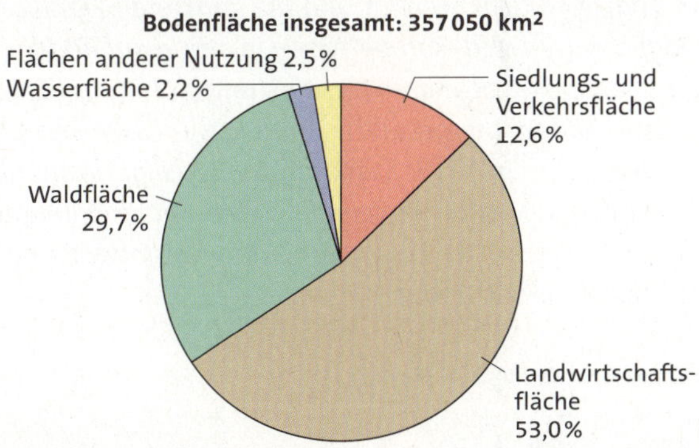

Nach Statistisches Bundesamt. http://www.destatis.de/basis/d/umw/vrtab7.php

***M4* Tägliche Veränderung der Bodennutzung in Deutschland**

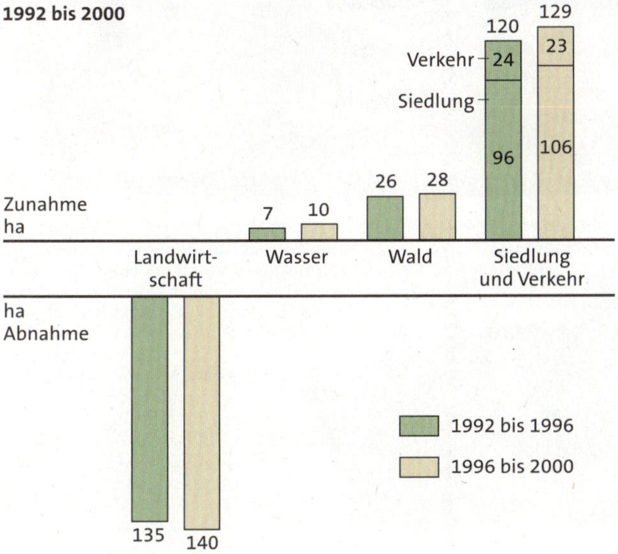

***M5* Entwicklung der Siedlungs- und Verkehrsfläche in den alten Ländern 1960 bis 2003**

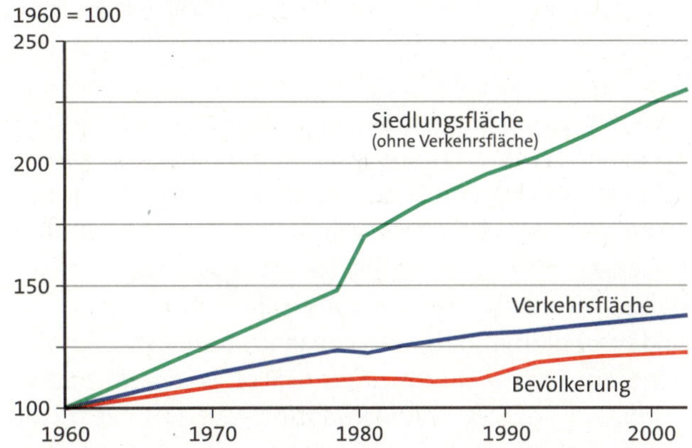

***M6* Tägliche Zunahme der Siedlungs- und Verkehrsfläche 1996 bis 2003 in Deutschland**

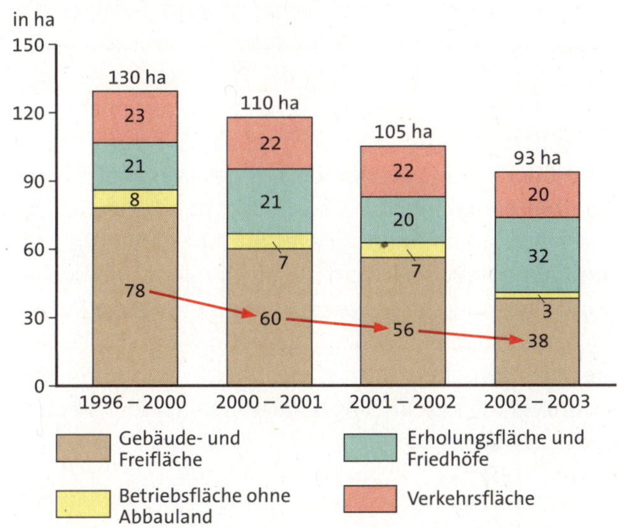

Material M4–6 nach Bundesamt für Bauwesen und Raumordnung (Hrsg.): Raumordnungsbericht 2005. Bonn 2005, S. 53, 54, 56

1. *Informieren Sie sich über Entwicklung und Ausdehnung des „Silicon Valley“ (Internetrecherche; z. B. www.klett-verlag.de/geographie/terra-extra Silicon Valley).*
2. *Fassen Sie die Aussagen der Materialien M2–6 in Thesen zusammen.*
3. *Ermitteln Sie für die Bundesrepublik Deutschland den aktuellen Stand des „Bodenzählers“ (S. 13–M4).*
4. *Erläutern Sie Ursachen und mögliche Folgen des zunehmenden Flächenverbrauchs.*
5. *Informieren Sie sich (z. B. beim örtlichen Bauamt) über die Entwicklung der Siedlungs-, Verkehrs- und Gewerbeflächen in Ihrer Gemeinde.*
6. *Dokumentieren Sie (im Rahmen eines Referates) anhand historischer Karten das Wachstum der Siedlungsflächen Ihrer Gemeinde.*
7. *Besuchen Sie eine Gemeinderatssitzung oder eine Bürgerversammlung, bei der über die Fortschreibung des Flächennutzungsplanes und über den Flächenbedarf diskutiert wird.*

5 Die Bekämpfung der Bodendegradation – eine weltweite Herausforderung

Aus der Analyse der vorgestellten „Krankheitsbilder“ lassen sich für jedes Syndrom spezifische Lösungsansätze und Handlungsempfehlungen für eine umfassende Bekämpfung der Bodendegradation ableiten (M 2). Dabei ist zwischen Maßnahmen des unmittelbaren Bodenschutzes und langfristigen Strategien einer nachhaltigen Bodennutzung zu unterscheiden.

Bodenschutzmaßnahmen konzentrieren sich vorwiegend auf technische Lösungsansätze. Da ein beträchtlicher Teil der Bodendegradation durch eine nicht angepasste Landwirtschaft verursacht wird, ist hier inzwischen eine ganze Reihe bodenschonender Bearbeitungsmethoden und Konservierungsmaßnahmen entwickelt worden. Dazu gehören zum Beispiel der Übergang von der Getreidemonokultur zur Fruchtwechselwirtschaft, die Aufteilung der Felder in Streifen mit wechselweisem Anbau von Pflanzen unterschiedlicher Reifezeit (strip farming), das Pflügen an Hängen entlang der Höhenlinien zum Abbremsen des Wasserabflusses (contour ploughing) oder das Prinzip minimaler Bodenbearbeitung (minimum tillage) mit nur geringfügigem Anritzen des Bodens statt tiefen Pflügens, um so der Wind- und Wassererosion nur geringe Angriffsflächen zu bieten. Auch im Kampf gegen die Desertifikation gibt es inzwischen Formen der Landnutzung und Kultivierung, die sich in einigen Regionen als sehr effektiv erwiesen haben (M 1).

Diese Bodenschutzmaßnahmen sind zweifelsohne notwendig und wirkungsvoll, aber eine nachhaltige Bodennutzung erfordert ein ganzheitliches Schutzkonzept.

↓ *„Aus der Synopse (M 2) der übergreifenden Handlungsempfehlungen wird ersichtlich, dass der Förderung von ‚Bodenbewusstsein‘ eine besondere Bedeutung zukommt. Derzeit findet die Bodenproblematik mit ihren Wechselbeziehungen bei der Mehrheit der Bevölkerung, aber auch bei Entscheidungsträgern und Bodenakteuren (z. B. Landwirten) nur geringe Beachtung. Deshalb ist es notwendig, Boden in allen gesellschaftlichen Bereichen zum Gegenstand von Umwelterziehung und Umweltinformation zu machen. Dabei müssen alle Ebenen der Mensch-Boden-Beziehung berücksichtigt werden, um ein entsprechendes Verantwortungsbewusstsein zu wecken. So kommt der Vermittlung von Wissen über Böden und über den Zusammenhang von menschlichem Verhalten und Bodendegradation ebenso große Bedeutung zu wie der Förderung emotionaler Zugänge zur Bodenproblematik. Boden muss ‚erfahrbar‘ und ‚begreifbar‘ gemacht werden und die konkreten Handlungsmöglichkeiten und -kompetenzen in bezug auf Böden (von der Bodenbearbeitung und -entlastung bis hin zum Einkauf bodenschonend hergestellter Produkte) müssen vermittelt werden. Dabei kann die Stärkung der Beteiligungsmöglichkeiten der Bürger an bodenrelevanten Entscheidungen in vielen Bereichen zu einem erhöhten Verantwortungsbewusstsein für den Boden führen.*

M 1 Maßnahmen gegen Desertifikation in einem Regionalentwicklungsprojekt in Nigeria (Sahel)

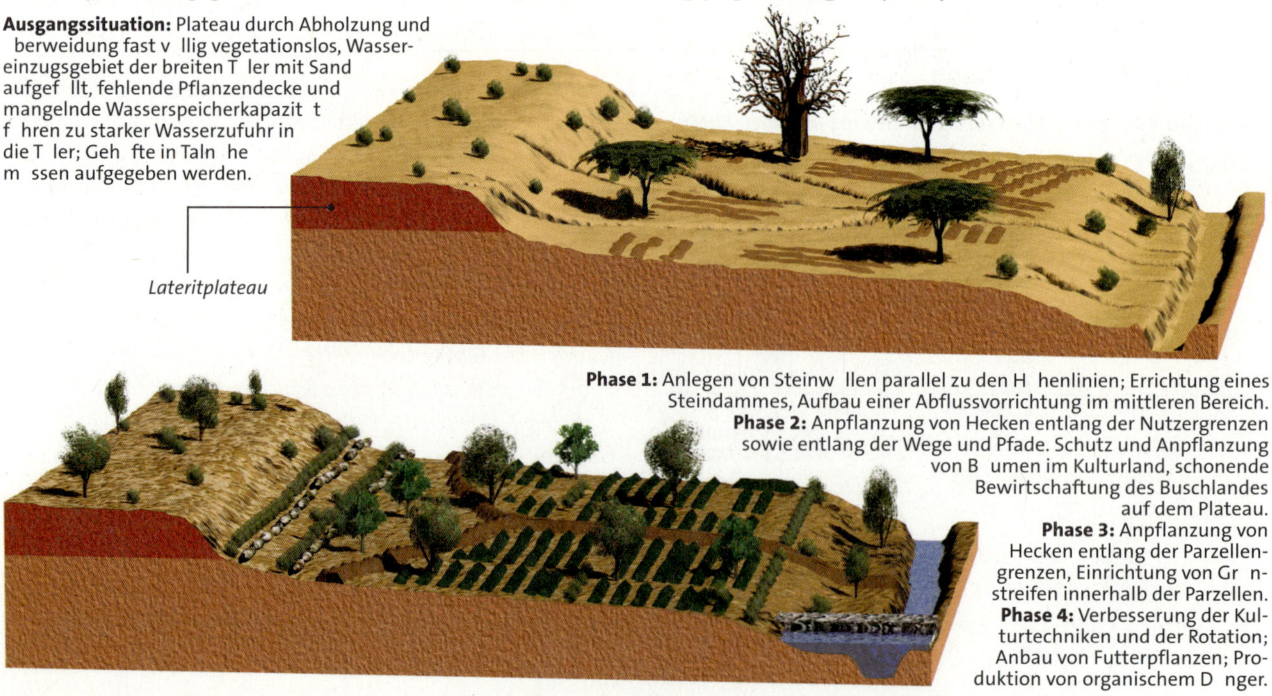

Nach Thomas Krings: Probleme der Nachhaltigkeit in der Desertifikationsbekämpfung. In: Geographische Rundschau 1994, H 10, S. 548

M 2 *Übergreifende Handlungsempfehlungen für die Syndrome der Bodendegradation*

Empfehlung	**Syndrom**											
	Huang He	Dust Bowl	Sahel	Sarawak	Aralsee	Saurer Regen	Bitterfeld	São Paulo	Los Angeles	Katanga	Alpen	Verbr. Erde
Förderung von „Bodenbewusstsein“	•	•	•	•	•	•		•	•	•		•
Nationale Bodenschutzgesetze	•	•		•	•				•	•		•
Stärkung der Bürgerbeteiligung (Partizipation; Demokratisierung)	•	•	•	•	•				•	•		
Renaturierungsmaßnahmen (u.a. Sanierung)		•		•	•				•	•		•
Bodenschonende Raumplanung (integrierte Siedlungsplanung)		•	•	•	•			•	•			
Agrarpolitik (angepasst, dezentral, umweltverträglich)	•	•	•	•	•	•		•				
Sozialbindung von Bodeneigentum; Eindämmung von Spekulation	•	•			•				•			
Emissionsreduktion (Energie-/Verkehrs-/Agrarpolitik etc.)		•				•		•	•			
Reduktion von Bevölkerungswachstum und Migration	•	•	•		•			•				
Armutsbekämpfung	•		•	•				•				
Neue/angepasste Technologien und Technologietransfer			•		•	•		•				
Stadtentwicklung (u.a. zur Verhinderung von Stadtflucht)						•		•	•			
Zuweisung von Eigentumsrechten/ Landreform etc.	•		•					•				
Entschuldung			•	•								
Entwicklungshilfe (unter Beachtung der Kultur-/Sozialfunktion)			•					•				
Zusammenführung von Wohnen, Arbeiten und Versorgung						•			•			

Wissenschaftlicher Beirat der Bundesregierung Globale Umweltveränderungen: Welt im Wandel. Die Gefährdung der Böden. Jahresgutachten 1994, S. 187

Diese Maßnahmen im psychosozialen Bereich, die langfristig angelegt sind, müssen ergänzt werden durch übergreifende Maßnahmen rechtlicher und planerischer Art. Die politischen Rahmenbedingungen des Bodenschutzes (nationale Bodenschutzgesetze, bodenschonende Raumplanung, Agrarpolitik, Stadtplanung, Zuweisung von Handlungs- und Verfügungsrechten, Zusammenführung von Wohnen, Arbeit und Versorgung) müssen der Bedeutung des Problems angepasst werden, ebenso wie die technisch orientierten Einflussnahmemöglichkeiten (Renaturierungsmaßnahmen, Emissionsreduktion, neue/angepasste Technologien) und flankierende Maßnahmen in bezug auf die Bevölkerungsentwicklung (Reduktion des Bevölkerungswachstums, Armutsbekämpfung) und – nicht zuletzt – die Entwicklungspolitik (Entschuldung, technische und finanzielle Hilfemaßnahmen). Die Folgen der Bodennutzung sind teils langfristig, teils irreversibel und gehen über den genutzten Bodenbereich weit hinaus. Daher sollten die Interessen der Allgemeinheit am Boden im Sinne einer Sozialbindung bzw. Ökologiepflichtigkeit des Bodeneigentums in alle bodenbezogenen Instrumentarien einfließen, in das Recht ebenso wie in das wirtschaftliche Handeln und die Politik.“

Wissenschaftlicher Beirat der Bundesregierung Globale Umweltveränderungen. a. a. O., S. 187–188

1. *Erklären Sie den Unterschied zwischen Bodenschutzmaßnahmen und nachhaltiger Bodennutzung.*
2. *Ordnen Sie diesen beiden Konzepten die in M 1 und 2 vorgestellten Maßnahmen zu und erläutern Sie an ausgewählten Beispielen die erwartete Wirkungskette.*
3. *Diskutieren Sie in Ihrer Lerngruppe, welche speziellen Maßnahmen beim „Bitterfeld“- und „Alpensyndrom“ zu empfehlen sind.*

5.1 Ansätze und Maßnahmen auf der internationalen und nationalen Ebene

UNEP United Nations Environment Programme
environment for development

UNCCD

↓ *„Es gibt weltweit verstreut umfangreiches Wissen über bodenschonende Technologien. Es gilt, dieses Wissen zu sammeln und so aufzubereiten, dass es von Landwirten vor Ort, aber auch von allen Entscheidungsträgern von der lokalen bis zur internationalen Ebene eingesetzt werden kann. Dieser Ansatz wird, unter Mitarbeit sehr vieler internationaler Organisationen, durch das Programm ‚World Overview of Conservation Approaches and Technologies‘ (WOCAT) verfolgt. Die Umsetzung neuer Techniken wird nur erfolgreich sein, wenn es gelingt, allen Bevölkerungsschichten die Bedeutung intakter Böden für die Welternährung deutlich zu machen ...*

Derzeit wird im Rahmen der Wüstenkonvention der Vereinten Nationen (UNCCD), begrenzt vor allem auf die Trockengebiete der Erde, lediglich der Teil der Degradationsformen bekämpft, der für die Desertifikation verantwortlich ist. Langfristig muss es das Ziel sein, weltweit verbindliche Regelungen zum Bodenschutz zu finden und wirksam umzusetzen. Dies kann, unter Erweiterung der Aufgaben, im Rahmen der UNCCD oder innerhalb der UNEP geschehen.

Der Wissenschaftliche Beirat der Bundesregierung Globale Umweltprobleme, der Wissenschaftliche Beirat Bodenschutz beim Bundes-Umweltministerium und viele andere Organisationen betrachten die Einrichtung eines International (oder Intergovernmental) Panel on Land and Soils (IPLS) als einen wichtigen Schritt auf diesem Weg. Das IPLS soll, analog zum IPCC (International Panel on Climatic Change) ein unabhängiges wissenschaftlich-technisches Beratergremium werden, das die Entwicklung der Bodendegradation erfasst, die Folgen bewertet, Abhilfemaßnahmen sammelt und national wie international die Politik ... in Fragen des Bodenschutzes berät.“

Günter Miehlich: Bodendegradation, die kaum beachtete Erdkatastrophe. In: Kunst- und Ausstellungshalle der Bundesrepublik Deutschland (Hrsg.): Erde. Köln 2002. = Schriften Forum, 11. S. 322

↓ *„Die Europäische Union steht am Anfang einer eigenständigen Bodenpolitik. Im Vertrag von Amsterdam (1999) wird allgemein formuliert, dass der Schutz und die Verbesserung der Umwelt ein wichtiges Ziel darstellen. Im Übrigen gilt das ‚Subsidiaritätsprinzip‘, d. h. dass die EU nur dann tätig wird, wenn die Mitgliedstaaten keine eigenen Aktivitäten unternehmen ...*

Es gibt auf EU-Ebene unterschiedliche Versuche, der Bodenqualität einen Dienst zu erweisen. Zum Beispiel die ‚Gemeinschaftsstrategie gegen die Versauerung der Böden‘ (1997). Einrichtungen in Spanien (European Topic Center) oder Italien (European Soil Bureau) sind der Europäischen Umweltagentur (EUA) angegliedert. Sie haben die Aufgabe, den Zustand der Böden in Europa zu erfassen und zu bewerten.“

Universität Hohenheim: Vom Boden zum Schutz. o. J. S. 31

Bundesministerium für Umwelt, Naturschutz und Reaktorsicherheit

↓ *„Das Bundes-Bodenschutzgesetz (BBodSchG) ist ... seit dem 1. März 1999 vollständig in Kraft getreten. Es unterscheidet grundsätzlich die zwei Aspekte Vor- und Nachsorge, also Bodenerhaltungsrecht und Bodensanierungsrecht.*

Das Bodenerhaltungsrecht hat das Ziel, die Funktionsfähigkeit der Böden zu erhalten bzw. unvermeidliche Einwirkungen soweit wie möglich zu verhindern. Der Boden soll vor dem Verbrauch bzw. der Erosion geschützt werden (quantitativer Bodenschutz) und vor Verunreinigungen (qualitativer Bodenschutz) ...

Das Bodensanierungsrecht dagegen ... regelt ‚Dekontaminationsmaßnahmen‘ hinsichtlich neu eingetretener Bodenvergiftungen sowie die ‚Altlastensanierung‘. Ob Gefahren für Mensch und Umwelt von verunreinigten Böden ausgehen, entscheiden Behörden meist auf der Grundlage von umfangreichen Gutachten ... Eine Sanierungsmaßnahme muss (dann) vom so genannten ‚Pflichtigen‘ bezahlt werden. Das sind neben dem Verursacher bzw. dessen Rechtsnachfolger auch der Grundstückseigentümer. Die Behörden können sich dabei grundsätzlich an denjenigen halten, von dem die Sanierung am einfachsten verlangt werden kann. Öffentliche Mittel ... stehen in jedem Fall nur sehr eingeschränkt zur Verfügung.“

Universität Hohenheim: Vom Boden zum Schutz. o. J. S. 28–29

5.2 Individuelle Ebene: Schaffung eines „Bodenbewusstseins“

M 1 *Von der Boden-Ästhetik zum Bodenbewusstsein*

↓ *„Um wirkungsvoll Boden zu schützen, ist somit das Bewusstsein für Boden als wertvolles Gut zu stärken. Boden muss erfahrbar werden, und die ästhetischen Seiten der Welt unter unseren Füßen muss sichtbar gemacht werden. Nur wenn wir den Reichtum von Boden und dessen Rolle im Lebensalltag erkennen, können wir ihm Anerkennung zumessen und die eigene Verantwortung für die Entwicklung von Böden erkennen. Damit stellt sich die Frage, durch welche Maßnahmen Boden ins Bewusstsein der Öffentlichkeit gerückt werden kann.“*
Bodenschutz ist eine Querschnittsaufgabe, entsprechend breit gefächert sind die Empfehlungen des wissenschaftlichen Beirats zur Verbesserung des Bodenbewusstseins. Stichwortartig seien hier die wichtigsten aufgeführt (M 3 – Auswahl):

Hans Willi Thoenes v. a.: Bodenbewusstsein – Wahrnehmung, Geschichte und Initiativen. www.bodenwelten.de

M 2 *Boden – ich stehe darauf*

M 3 *Bodenschutz als Querschnittsaufgabe*

Aktions-/ Themenbereiche	**Aufgaben**
Kindergärten	– kindgerechten Umgang mit Böden zulassen (Boden ist kein Schmutz) – Boden als Spielmaterial einsetzen – häufiger Aufenthalt in naturnaher Umgebung (Waldkindergärten)
Schule	– Grundlagen zum Verständnis der Böden schaffen – bodenbezogene Probleme in den Geographie-, Biologie und Chemieunterricht einbauen
Universitäten	– verstärkte Forschung in bodenschutzrelevanten Feldern (z. B. Tierarzneimittel im Boden, Auswirkungen gentechnisch veränderter Pflanzen auf Bodenorganismen) – Einrichtung einer Professur für die Didaktik der Bodenforschung
Medien	– sachbezogene Berichte statt Katastrophenmeldungen – Einbeziehung des Themas Boden in die Berichterstattung von Umweltmagazinen des Fernsehens
Museen	– verstärkte Einbeziehung des Bodens und seines Schutzes in Dauerausstellungen – Einbeziehung des Bodenschutzes in museumspädagogische Aktivitäten
Grundstückseigner	– aktive Vorsorge gegen das Entstehen von schädlichen Bodenveränderungen – Entsiegelungsmöglichkeiten prüfen
räumliche Planung	– Aufnahme des Bodenschutzes in die Lokale Agenda 21 – Reduzierung der Bebauung bislang ungenutzter Flächen

Nach Hans Willi Thoenes u. a.: Bodenbewusstsein – Wahrnehmung, Geschichte und Initiativen. www.bodenwelten.de, gekürzt

1 *Erläutern Sie Zielsetzungen und Maßnahmen folgender Institutionen: UNEP, UNCCD, European Topic Center, European Soil Bureau (Internet-Recherche).*
2 *Informieren Sie sich über weitere Inhalte des Bundes-Bodenschutzgesetzes.*
3 *Beurteilen Sie insgesamt den Stand der Bodenschutzkonzepte auf der internationalen und nationalen Ebene.*
4 *Führen Sie anhand der folgenden Web-Adresse „Entdeckungsreisen in den Boden“ durch: www.bodenwelten.de → Bodenerlebnis*
5 *Überprüfen Sie an ausgewählten Beispielen, inwieweit die oben angeführten „Aktions-/Themenbereiche“ ihrer Aufgabe gerecht werden, zur Bildung eines „Bodenbewusstseins“ beizutragen.*

5.3 Was der Einzelne tun kann

M1 Handlungsmöglichkeiten

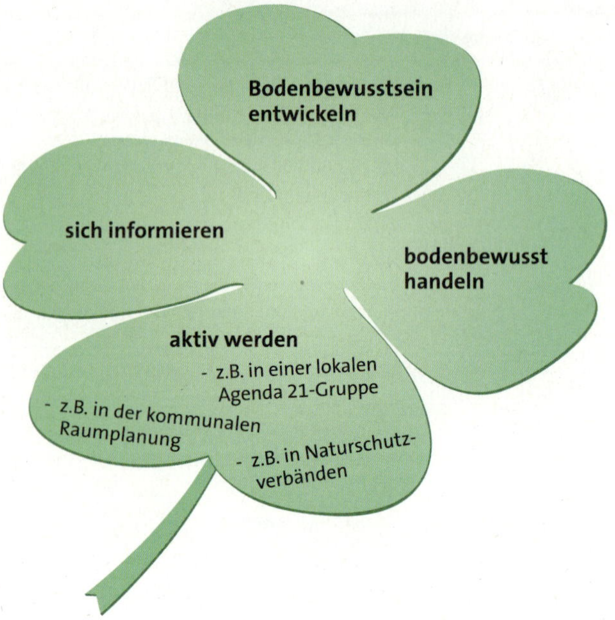

„Boden ist nicht Dreck, er ist Lebensgrundlage. Darum wird es Zeit, auf den Boden der Tatsachen zurückzukommen. Bodenschutz ist deshalb ein zentrales Anliegen des Umwelt- und Naturschutzes. Es werden Anforderungen an alle Bodennutzer gestellt: Landwirtschaft, Industrie, Tourismus, Du und ich.
Schadstoffbelastung, Erosion und Verdichtung zeigen die Notwendigkeit, etwas für den Boden, von dem wir leben, zu tun. Jeder kann seinen Beitrag leisten ...

– *IM EIGENEN GARTEN*
Chemische Spritzmittel müssen nicht sein ... Ungeliebte Mitfresser und Krankheiten an Pflanzen können durch ungefährliche Mixturen bekämpft werden – begonnen mit der Brennnesseljauche gegen Blattläuse bis hin zur Wermutbrühe gegen Ameisen und Brombeermilben. Der Verzicht auf Gift im Garten schützt die natürliche Bodenflora und -fauna.
Organische Abfälle aus Garten und Küche gehören auf den Kompost – und damit später in den Boden. Mineralische Düngemittel werden überflüssig ...
Sparsam versiegeln: Fußwege im Garten müssen keine Autobahnen sein. Anstatt Asphalt und Beton reichen auch Schrittplatten, Splittwege oder wasserdurchlässige Ökopflastersteine ...
Mulchen, also das Verteilen von Blättern oder gemähtem Gras zwischen den Pflanzen, hat viele Vorteile: Der Boden wird vor dem Austrocknen geschützt, das Bodenleben und damit die Bodenlockerung wird gefördert. Wasser- und Lufthaushalt des Bodens bleiben ausgeglichen.

– *BEIM HAUSBAU*
Schon in der Bauphase können ‚Häuslesbauer' darauf achten, dass ihr Grundstück nicht vollkommen verdichtet wird. Vor allem der zukünftige Nutzgartenbereich sollte nicht durch Baustofflager oder Baufahrzeuge belastet werden. Wenn man Boden vor dem Bau abträgt, lagert und schließlich wieder aufbringt, rettet man wertvollen Oberboden ...

– *IN DER LANDWIRTSCHAFT*
„Eine abwechslungsreiche Fruchtfolge, Zwischenfrüchte und Untersaaten verringern die Zeit des bloßliegenden Bodens – und damit die Erosionsgefahr ...
Schwere Maschinen verdichten den Boden. Breite Bereifung verringert den Druck. Bei Nässe sollte man ganz auf das Befahren verzichten ...

– *IN DER KOMMUNALEN RAUMPLANUNG*
Regionalplanung: Vor der Überbauung von Flächen können mögliche Standorte und die dort geplanten Eingriffe und ihre Folgen verglichen werden. Leistungsfähige und wertvolle Böden sollten geschont, seltene und kulturhistorisch bedeutsame überhaupt nicht überbaut werden.
Bebauungsplan: Vorhandene Baulücken zu schließen, ist sinnvoller, als neue Baugebiete auszuweisen. Generell gilt: flächenschonend bauen – auch in der Verkehrsplanung. Bebauungspläne können Vorschriften über das Material von PKW-Stellplätzen und Zufahrten enthalten: Wasserdurchlässige Materialien wie Rasengittersteine, Schotterrasen oder Ähnliches sehen nicht nur schön aus, sie erfüllen auch die Anforderungen des Bodenschutzes.
Flächenrecycling: Sanierung und Folgenutzung ehemals genutzter Areale wie Industrie- und Gewerbebrachen, Kasernengelände machen Neuausweisungen von Baugebieten oft überflüssig.
Ökologischer Ersatz: Ausgleich für schon entstandene Schäden schaffen ansatzweise Ersatzpflanzungen, Versickerungsflächen, Dach- und Wandbegrünung, Bachrenaturierungen sowie die Entsiegelung von Flächen. Aber ungeschehen werden die Schäden dadurch nicht.

– *IM ALLTAGSVERHALTEN*
Schadstoffe vermeiden: Häufiger mit Fahrrad, Bus und Bahn fahren, sparsamer heizen und Splitt anstatt Salz streuen.
Kauf und Essgewohnheiten: Wer Produkte ökologisch wirtschaftender Landwirte kauft, unterstützt nicht nur deren Existenz, sondern auch eine schadstoffsparende, bodenschützende Erzeugung der Lebensmittel ...
Freizeitverhalten: Auch beim Joggen, Mountain-Biking, Klettern oder Skifahren kann man Boden schützen. Bleibt man auf den ausgewiesenen Pisten und Routen, wird die Grasnarbe geschont und damit Erosion verhindert."

Jutta Baier: Was können wir tun? Empfehlungen und Tipps für den Bodenschutz. In: Universität Hohenheim (Hrsg.): Vom Boden zum Schutz. o. J. S. 36–38

M 2 Wintersport und Bodenschutz: Verhaltensregeln für Skifahrer

- Fahren Sie nicht abseits der Piste und halten Sie sich an markierte Loipen und Pisten.
- Unterlassen Sie Tiefschneefahren im Wald.
- Fahren Sie nur Ski, wenn genügend Schnee liegt.
- Informieren Sie sich über mögliche Auswirkungen von Kunstschnee bzw. künstlicher Beschneiung.
- Halten Sie sich an die Regeln zur Schonung von Lebensräumen (nie Wegabkürzungen benutzen, vor der Dämmerung zurück sein, Schutzzonen respektieren).
- Reisen Sie wenn möglich mit öffentlichen Verkehrsmitteln zu Ihrem Wintersportort.
- Stellen Sie auch mal kritische Fragen an Ihrem Wintersportort (z. B. Gibt es ein Umweltticket? Verwendet die Gastronomie Produkte aus der heimischen Landwirtschaft? Was wird für die Müllvermeidung, was für den Erosions- und Lawinenschutz getan? Werden Schutzzonen zum Erhalt von Biotopen und Lebensräumen ausgewiesen?).
- Überprüfen Sie auch Ihr „Après Ski"-Verhalten im Hinblick auf Umweltauswirkungen und Flächen- bzw. Bodenbeanspruchung.

Zusammengestellt nach verschiedenen Quellen

M 3 Bodenschutz ONLINE

www.nua.nrw.de/boden/

Die Natur- und Umweltschutz-Akademie Nordrhein-Westfalen bietet sehr anschauliches Material zum Thema Boden sowie Bodenschutz und zu der Kampagne „Boden will leben".

www.bodenwelten.de/

Hier finden Sie alles zum Thema Boden - Informationen, Anregungen für die Schule, Ansätze zum Bodenschutz, die Möglichkeit über Bodenschutz zu diskutieren, Exkursionen in typische Bodenwelten zu unternehmen und faszinierende Bodenansichten aus aller Welt zu betrachten.

M 4 Boden kann man nicht essen – aber ohne Boden hat man nichts zu essen

1 *Erklären Sie den in M 1 dargestellten „Vier-Schritt".*
2 *Überprüfen Sie anhand der vorgestellten Handlungsmöglichkeiten Ihr eigenes „Bodenverhalten".*
3 *Erarbeiten Sie aus den vorangegangenen Kapiteln weitere Bodenschutzmaßnahmen, die insbesondere in der Landwirtschaft ergriffen werden können.*
4 *Kartieren Sie in Ihrer Schulumgebung Flächen, die Ihrer Meinung nach in einem vertretbaren Aufwand entsiegelt werden könnten.*
5 *Stellen Sie das Ergebnis Ihrer Kartierung und Untersuchung in einem „Gutachten" bei der Stadtverwaltung vor.*
6 *Untersuchen Sie – ggf. auch im Rahmen einer Befragung bei der Baubehörde – die Bauleitplanung Ihrer Gemeinde im Hinblick auf Bodenschutz, Flächenrecycling und ökologische Ausgleichsmaßnahmen.*
7 *Überprüfen Sie, ob es für die von Ihnen benutzten Verkehrsmittel für den Schulweg zumutbare umwelt- bzw. landschaftsschonendere Alternativen gäbe.*
8 *Nennen Sie Ihre wichtigsten Freizeitaktivitäten und überprüfen Sie, wie viel Fläche bzw. Boden verbraucht wird, damit Sie diese Aktivitäten ausüben können.*
9 *Erstellen Sie mithilfe der angegebenen Web-Adressen eine Präsentationen zum Thema „Faszinierende Welt des Bodens" und „Bodenschutz".*
10 *Gestalten Sie – ausgehend von M 4 – eine Werbekampagne zur Herausbildung eines Bodenbewusstseins.*
11 *Ergänzen Sie Ihre Informationsquellen, indem Sie bei folgenden Institutionen entsprechende Broschüren anfordern: Naturschutzverbände (z. B. BUND, NABU), Umweltschutzämter, Gartenbauämter, Umweltberatungen.*

6 Literaturhinweise

Altner, Günter u. a. (Hrsg.): Jahrbuch Ökologie 2005. München: Verlag C.H. Beck, 2004
Brunotte, Ernst u. a. (Hrsg.): Lexikon der Geographie. Heidelberg: Spektrum Akademischer Verlag, 2002
Bundesamt für Bauwesen und Raumordnung (Hrsg.): Raumordnungsbericht 2005. Bonn 2005
Bundesamt für Umwelt, Wald und Landschaft BUWAL (Hrsg.): Heft 2/2004 Bodenschatz Bodenschutz. Bern
Deutsche Gesellschaft für die Vereinten Nationen (Hrsg.): Bericht über die menschliche Entwicklung 2004. UNO-Verlag, Bonn 2004
Deutsche Stiftung Weltbevölkerung (Hrsg.): Weltbevölkerungsbericht 2004: Kairo plus 10. Hannover 2004
Deutsche Stiftung Weltbevölkerung (Hrsg.): Soziale und demographische Daten zur Weltbevölkerung 2005. Hannover 2005
Deutsche Welthungerhilfe: Vom Winde verweht – vom Wasser fortgetragen. Der weltweite Schutz der Böden wird immer wichtiger. Bonn 2002
Engelhardt, Karl: Welt im Wandel. Die gemeinsame Verantwortung von Industrie- und Entwicklungsländern. Grevenbroich/Stuttgart: OMNIA Verlag, 2004
Europäische Umweltagentur: Auf dem Boden der Tatsachen: Bodendegradation und nachhaltige Entwicklung in Europa. Eine Herausforderung für das 21. Jahrhundert. Umweltthemen-Serie No. 16, Kopenhagen 2002
Hauchler, Ingomar u. a.: Globale Trends 2004/2005. Fakten – Analysen – Prognosen. Frankfurt/M: Fischer Taschenbuch Verlag, 2003
Hauchler, Ingomar u. a.: Globale Trends 2002. Fakten – Analysen – Prognosen. Frankfurt/M: Fischer Taschenbuch Verlag, 2001
Gaidetzka, Petra u. a.: Nachhaltigkeit konkret. Entwicklungen im ländlichen Raum. In: Misereor (Hrsg.) – Materialien für die Schule 36, Aachen 2002
Joachim, Jens: Desertifikation. Eine internetbasierte Unterrichtseinheit. In: geographie heute 23, 2002, H. 201, S. 36–39
Lethmate, Jürgen: Das „Saurer-Regen-Syndrom". Bodenversauerung als zentrales Symptom des Waldsterbens. In: geographie heute 23, 2002, H. 197, S. 42–45
Löfler, Ernst W.: Veränderung der australischen Umwelt durch 200 Jahre europäische Besiedlung. In: Geographische Rundschau 57, 2005, H. 5. S. 22–30
Mensching, Horst G. und Seuffert, Otmar: (Landschafts-) Degradation: Erscheinungsformen, Entwicklung und Bekämpfung eines globalen Umweltsyndroms. In: Petermanns Geographische Mitteilungen 145, 2001, H. 4. S. 6–15
Opp, Christian: Desertifikation in Usbekistan. Ursachen, Wirkungen und Verbreitung. In: Geographische Rundschau 56, 2004, H. 10, S. 44–51
Richter, Gerold (Hrsg.): Bodenerosion, Analyse und Bilanz eines Umweltproblems. Wissenschaftliche Buchgesellschaft, Darmstadt 1989
Scheffer, Fritz und Schachtschabel, Paul: Lehrbuch der Bodenkunde. Spektrum Akademischer Verlag, Heidelberg und Berlin 2002
Schroeder, Dietmar: Böden der Erde: Entstehung, Verbreitung, Produktivität, Schädigung und Schutz. In: Geographie und Schule, 2000, H. 126
Thoenes, Hans Willi u. a.: Bodenbewusstsein – Wahrnehmung, Geschichte und Initiativen. In: Handbuch Bodenschutz. www.bodenwelten.de/bodenbewusstsein_artikel.pdf
Universität Hohenheim (Hrsg.): Vom Boden zum Schutz. o. J.
Weischet, Wolfgang: Die ökologische Benachteiligung der Tropen. Stuttgart: B.G. Teubner, 1977
Weltbank (Hrsg.): Weltentwicklungsbericht 2004. UNO-Verlag, Bonn 2004
Wissenschaftlicher Beirat der Bundesregierung Globale Umweltveränderungen: Welt im Wandel. Die Gefährdung der Böden. Jahresgutachten 1994
Wissenschaftlicher Beirat Bodenschutz beim Bundesministerium für Umwelt, Naturschutz und Reaktorsicherheit: Ohne Boden bodenlos – eine Denkschrift zum Boden-Bewusstsein. Berlin 2002

Themenhefte verschiedener Fachzeitschriften
Petermanns Geographische Mitteilungen: 147, 2003, H. 3: Bodenverbrauch.
Geographische Rundschau: 51, 1999, H. 5: Weidewirtschaft und -ökologie
Geographische Rundschau: 53, 2001, H. 9: Bodendegradation
Geographische Rundschau: 56, 2004, H. 12: Staudämme: Umstrittene Projekte
Praxis Geographie: 32, 2002, H. 10: Freizeit und Umwelt
Praxis Geographie: 35, 2006, H. 4: Globales Lernen

Internetadressen
- www.bodenwelten.de
- www.nua.nrw.de/boden
- www.unccd.int
- www.wocat.org
- www.wbgu.de
- www.unep.org, One Planet Many People
- www.umweltbundesamt.de
- www.bodenbuendnis.org
- www.nachbar-natur.de
- www.tdh.de
- www.klett.de/extra